国家现代农业产业技术体系建设专项资助

玉米节水丰产技术问答

刘战东 秦安振 马守田 任淑芳 郭永祥 著

黄河水利出版社
·郑州·

内 容 提 要

本书围绕玉米节水丰产技术、全国玉米需水规律、不同节水灌溉类型等方面，以问答的形式展开叙述，回答了灌溉工程、农艺节水栽培、农业节水管理等领域常见的技术问题，从技术和管理层面，阐述了我国推广节水丰产技术的意义、常见的节水灌溉技术、渠道防渗技术、水肥一体化技术等，提出了不同生态区玉米的合理灌溉时间和施肥量、田间灌溉工程设计的注意事项、混凝土衬砌渠道的参数标准等科学问题及解决方案。从农艺节水角度阐述了耕作保墒技术是什么，介绍了地膜覆盖、保水剂、全膜双垄沟播等一系列的玉米抗旱保苗技术。主要内容包括节水丰产技术与需水规律、节水灌溉技术、农艺节水技术、水肥一体化技术、节水管理技术等。

本书可供农田种植大户、水利行业从业者、农技推广员和灌区管理员等相关专业的科技人员阅读参考。

图书在版编目(CIP)数据

玉米节水丰产技术问答 / 刘战东等著. —郑州：黄河水利出版社，2023.5
ISBN 978-7-5509-3582-2

Ⅰ.①玉… Ⅱ.①刘… Ⅲ.①玉米-栽培技术-问题解答Ⅳ.①S513-44

中国国家版本馆 CIP 数据核字(2023)第 095835 号

组稿编辑：王路平　电话：0371-66022212　E-mail：hhslwlp@126.com

责任编辑：杨雯惠　责任校对：王单飞　封面设计：黄瑞宁　责任监制：常红昕

出版发行：黄河水利出版社

地址：河南省郑州市顺河路 49 号　邮政编码：450003

网址：www.yrcp.com　E-mail：hhslcbs@126.com

发行部电话：0371-66020550

承印单位：河南瑞之光印刷股份有限公司

开本：890 mm×1 240 mm　1/32

印张：5.75　彩插：4

字数：170 千字

版次：2023 年 5 月第 1 版　印次：2023 年 5 月第 1 次印刷

定价：50.00 元

苗期受旱(左)
和不受旱(右)的夏玉米长势

玉米苗期受旱干枯死亡

春玉米农田大面积受旱情况

春玉米抽雄灌浆期受旱后的长势

春玉米灌浆期受旱后的籽粒灌浆情况

玉米灌浆期未受旱(左)
及受旱后(右)的籽粒灌浆情况

玉米农田水淹后的情况

农田排涝

应用“小白龙”进行应急抗旱的灌水情况

夏玉米沟灌的灌水情况

应用软管进行应急抗旱的灌水情况

夏玉米隔沟灌节水技术

玉米采用多孔软管灌水

行走式喷灌机

小型卷盘式喷灌机

夏玉米固定式喷灌技术的应用

春玉米膜下滴灌播种后的情况

集播种、铺滴灌带及
覆膜于一体的机械

春玉米传统种植(左)
和膜下滴灌(右)的长势

膜下滴灌玉米的中后期长势

大垄覆膜保墒技术

垄膜沟种保墒技术

播种、铺滴灌带、覆膜一体完成

首部过滤施肥系统

滴灌覆膜玉米苗期

滴灌覆膜玉米喇叭口期

滴灌覆膜玉米吐丝抽雄期

滴灌覆膜玉米灌浆后期

滴灌首部过滤施肥系统

玉米播种及微喷带铺设

玉米苗期微喷灌溉

微喷灌溉玉米拔节期长势

玉米拔节期微喷灌溉

微喷灌溉玉米喇叭口期长势

玉米播种、滴灌带浅埋一体进行

玉米播种、滴灌带浅埋效果图

滴灌首部过滤系统

田间滴灌施肥系统

玉米滴灌拔节期施肥

玉米滴灌灌浆期施肥

前　言

我国是一个严重干旱缺水的国家,人均占有水资源量不到世界平均水平的28%,被联合国列为13个最缺水的国家之一。我国的水资源分布极不平衡,陆地水资源的总体分布趋势是东南多、西北少,由东南向西北逐渐递减。从降水分布来看,春玉米区玉米播种、出苗与苗期,基本上处于干旱季节;如果不考虑地面蓄水、土壤储水,仅从降水分布来看,春玉米区播种、出苗与苗期干旱是经常的,春旱是长久现象,所以北方农民说“十年九旱”是有根据的,这是自然规律。由于降水分布与春玉米播种、出苗期不吻合,时空错位而造成春旱,给当地春耕生产等农事带来很大不便,显然这是年年发生的事情,只不过危害程度有轻重而已。

节水灌溉技术是抵御干旱最基本的方法。世界上有许多行之有效的节水灌溉技术,如渠道衬砌防渗、低压管道输水灌溉、改进地面灌水技术和喷灌、微灌等。近二十年来,这些灌溉技术在我国已有了相当规模的发展,不仅广泛开展了较深入的科学试验,而且取得了丰硕的成果。

灌溉节水的目的是农业丰产。近年来,我国节水灌溉技术的发展为农业的持续发展,尤其是缺水地区农业的持续发展,发挥了显著的作用,但是要使节水丰产技术在更大范围内实施、推广,除需要一定的物质、资金投入外,还必须大力普及节水丰产知识,提高全民族的节水意识,让这些行之有效的节水丰产技术、知识为广大农民所掌握,充分发挥科技是第一生产力的作用。基于以上认识,国家玉米产业技术体系水分生理与节水栽培团队编写了《玉米节水丰产技术问答》一书，希望能对玉米节水丰产技术的推广和发展，为农业的持续稳定增长，尽微薄之力。

本书是一部将节水灌溉技术及玉米丰产基本知识与常规的实用技术相融合的科普类书籍，主要面向有一定文化知识的农民技术员、基层农技推广员和灌区管理员，为了便于这些读者的阅读和应用，特地采用问答的形式进行撰写。在撰写过程中，既注意了问题提出的客观性和真实性，也注意了解答的科学性和针对性。此外，在内容设置上还注意了知识性、可操作性、通俗性和趣味性，力求使每位读者都能读得懂、用得上。

本书由刘战东、秦安振、马守田、任淑芳、郭永祥撰写，在撰写的过程中得到中国农业科学院农田灌溉研究所退休职工陈玉民研究员、肖俊夫研究员、谢成春副研究员的指导，在本书的立意、框架和内容编制过程中给予的宝贵的建议，对本书产生了深远的影响。感谢非充分灌溉原理与新技术团队资深首席段爱旺研究员、团队首席高阳研究员在本书撰写过程中给予的中肯修改意见，使该书的写作质量和水平得到大幅提升。感谢非充分灌溉原理与新技术团队李迎、李森、宁东峰、梁悦萍等，提供了本书中展示的灌溉技术方面的照片，完成了校对文本，在本书的制作过程中，提供了巨大帮助。他们的无私奉献成就了本书的面世。感谢同事李鹏慧为本书的图片排版提供技术支持，她在本书遇到技术问题时总是能够及时提供帮助，在此一并表示感谢！

由于作者水平有限，书中难免有不妥或疏漏之处，恳请广大读者不吝赐教指正。

作　者

2023 年 4 月

目　录

三、节水地面灌溉技术

五、喷灌技术

八、渠道防渗技术

九、农艺节水技术

十、水肥一体化技术

十一、节水管理技术

十二、怎样选用节水丰产技术

一、推广节水丰产技术的意义

1. 什么是节水丰产技术?

节水丰产技术是一种先进的灌溉技术,它同时达到既节约灌溉用水,又获得作物丰产的两个目的。其主要内容包括三个方面:一是采取措施减少灌溉渠系和农田的水量损失,提高灌溉水的利用系数,按照作物的灌溉制度,适时适量地把水送入农田;二是调整作物布局、使用良种、合理施肥、改进耕作栽培技术、充分而合理地利用降水和地下水,以达到减少灌溉用水量的目的;三是改进灌溉制度,采用先进的灌水方法,提高每次灌水的经济效益。

2. 什么是节水灌溉?

节水灌溉是用尽可能少的水投入,以取得尽可能多的农作物产出的一种灌溉模式。它既不同于雨养农业,也不是临时性的、简单的抗旱灌溉,而是技术进步的产物,带有节水与高产的双重要求。因此,节水灌溉既是遵循作物生长发育需水机制进行的适时灌溉,又是把各种用水损失降低到最低限度的适量灌溉。

节水灌溉作用范围涉及两个方面:①农作物通过自身器官的调节作用,或通过某些措施对植物蒸腾与棵间土壤蒸发水量的关系施加影响,把农作物生长发育和达到某一产量水平必须消耗的水量,控制在最低限度,这一范围可以称为生育节水;②从水源到田间,包括水资源调度、输水、配水、灌水等环节,采取措施把各个环节损失水量控制在最低限度,这个范围可以称为传输节水。生育节水和传输节水技术都是随科学技术的进步而不断提高的,它们每提高一步都会把节水效益及其经济效益向前推进一步。

节水灌溉技术主要包括灌溉制度、灌水技术、防渗技术和用水管理四个方面,不断研究改进并综合运用这些技术,以节约灌溉用水量,是生产力发展的要求。

3. 不浇水的农业是不是最节水?

不浇水的农业泛指旱农,是完全依靠自然降水种植作物的农业,又称雨养农业。降水量的多少和分布,在很大程度上影响着这类地区的作物组成、产量水平及其稳定程度,必须依靠土壤的蓄水保水能力及耕作栽培技术,科学地、充分地利用天然降水,以尽可能地满足作物生长发育所需要的水分。但由于缺乏灌溉条件,土壤水分常感不足,尤其在我国北方地区,春旱频率高达44%~70%,夏旱、伏旱、秋旱也时有发生,南方地区虽然降水量较多,但由于气温较高,在丘陵旱地上,如降水不及时,也时有旱象发生。因此,旱农是建立在产量极不稳定基础上的,当气候条件适宜时,可能获得高产,反之甚至会颗粒无收。我国人多地少,解决吃饭问题是一件大事,把节水建立在农业减产的基础上是不可取的,所以旱农与节水是两回事。

据统计,中国无灌溉条件的旱地,约占总耕地面积的52.5%,主要分布在昆仑山脉、秦岭、淮河以北大部分地区,西南、华南及长江中下游的丘陵地区也有分布。解决这些旱地的灌溉问题,难度很大,从整体上看,我国农业的发展,必须走灌溉农业和旱农并举的道路。

4. 灌溉用水量是根据什么来确定的?

作物为了生长发育需要消耗水量,灌溉用水量是根据作物需水量来确定的。作物需水量是作物生长季节植株蒸腾的水量和棵间土壤或水面蒸发的水量,以及组成作物体的水量三者之和。前两部分又称田间蒸发蒸腾量(简称腾发量)。由于组成作物体的水量很少,小于总耗

水量的1%,可以忽略不计,故在实用上常将田间腾发量作为作物需水量。我国目前灌溉用水浪费很大,是由于灌溉用水量远大于作物需水量。以黄淮海地区的夏玉米为例,中等干旱年总需水量为100~150米^3/亩❶,除利用雨水外,要求的灌溉水量为150~200米^3/亩,但在实施过程中,由于技术和人为的种种原因,实际灌溉水量大大超过需水量,尤其在渠灌区一般毛用水量大都在200~300米^3/亩以上。

5. 目前灌溉用水的浪费主要在哪里?

灌溉用水从水源到形成作物产量大体上要经历三个过程:从水源通过输配水系统,采用相应的灌水技术把水送入田间,即由水源取水转化为农田土壤水分的过程;作物吸收利用土壤水使之转化为作物水的过程;在作物水分参与下,经过复杂的生理作用,最后形成产量的过程。这三个过程中散失的水量,有有效利用水量,也有无效损失水量,灌溉用水的浪费主要存在于第一个过程中。

按《中国水资源初步评价》提供的资料,若南方长江、珠江及东南沿海片的渠系利用系数平均按0.6计算,其他各片按0.5计算,则估计全国每年渠系渗漏损失水量达1 700多亿米^3,也就是说,从水源得到的水有40%~50%在渠道输配水过程中损失掉了,其实还有一些灌区渠系利用系数不到0.5,有的甚至只有0.2~0.3。此外,因田间工程不配套、土地不平整、大水漫灌等原因,田间灌水量过大。田间水的利用系数一般在0.8左右,差的不足0.5,这就是说灌溉用水量在渠系输水中损失了40%~50%,剩下的在田间一般还要损失约20%。

6. 水资源是"取之不尽,用之不竭"的吗?

水资源具有更新补充,可供永续开发利用的特点,它不同于其他矿产资源。但从全球水循环、水平衡的动态来看,水资源主要指的是不断通过蒸发、降水、径流的形式参与从海洋到陆地又由陆地到海洋这一循

---

❶ 1亩=1/15公顷,全书同。

环过程中的动态水源,这种水源才是人类可以加以控制、开发、利用的。因此,水资源虽然具有再生性资源的特点,但是又有量的限制,超量开发利用,破坏了水的动态平衡,就有可能造成水资源的枯竭。因此,水资源不是“取之不尽,用之不竭”的,开发利用一个地区的水资源,必须了解其资源潜力、可利用量、水平衡状况、更新补充条件等,切不可盲目从事。

7. 我国水资源够用吗?

2022年《中国水资源公报》显示,2022年全国降水量和水资源量比多年平均值偏少,且水资源时空分布不均。2022年全国平均年降水量为631.5毫米,比多年平均值偏少2.0%。全国水资源总量为27 088.1亿米^3,比多年平均值偏少1.9%。全国年降水量的56%消耗于蒸发,44%形成河川径流。2021年资料显示,我国河川多年平均径流总量为27 120亿米^3,全国地下水资源量8 195.7亿米^3,地下与地表水资源不重复量1 198.2亿米^3。地表水和地下水在内的全国年水资源总量为31 605.2亿米^3,居世界第6位。我国人均占有水资源量约为2 200米^3,约为世界人均水平的1/5,排在世界第109位,是世界上13个贫水国家之一。总之,我国是一个水资源不足的国家。不足就必须节约,水资源不能依靠进口,节约用水的重要性也就在这里。

8. 为什么把我国北方地区叫缺水地区?

缺不缺水主要看降水量和水资源量的多寡。降水是全球水文循环过程中由大气向地面供水的最主要来源,受水汽补充条件和地形、地理位置等条件的影响,降水在地区间和时间上的分布不均,我国北方地区缺水,有以下几方面的原因:

一是北方地区降水量少,我国降水量分布的总趋势是由东南向西北递减,华北平原、东北、山西和陕西大部、甘肃、青海东南部、新疆北部和西部山区以及西藏东部等,年降水量为400~800毫米,东北西部和内蒙古、甘肃以西广大地区年降水量均低于400毫米,有些地区低于

200毫米,最小的年降水量出现在新疆吐鲁番的托克逊站,平均降水量为7.1毫米。

二是北方地区水资源紧缺,尤其是水土资源不平衡。北方地区(长江流域以北)面积约占全国的63.5%,人口约占全国的46%、耕地面积约占全国的60%、GDP(国内生产总值)约占全国的44%,而水资源仅占全国的19%。其中,黄河、淮河、海河3个流域耕地面积约占全国的35%,人口约占全国的35%,GDP约占全国的32%,水资源量仅占全国的7%,人均水资源量仅为457米^3,是我国水资源最紧缺的地区。

三是年内和年际间降水分布不均,作物需水季节缺水,旱象时常发生。据统计,过去40年间,全国共有11年发生了重、特大干旱,旱灾发生年份百分率为27.5%;近几年,北方旱区旱情不断加重、面积不断扩大,呈现干旱常态化趋势。而且南方和东部多雨地区的季节性干旱也在扩展和加重,受灾面积逐年增加。北方的春旱频率高达44%~70%,夏旱、伏旱、秋旱也时有发生,对作物生长危害甚大。受自然气候影响,我国常年农作物受旱面积2 000万~2 700万公顷,每年损失粮食近158亿千克,占各种自然灾害损失总量的60%。

9. 我国南方地区不缺水吗?

总的来看,我国南方地区水资源比较丰富,按干旱指数(年蒸发量与年降水量的比值)分带,南方地区基本上处在湿润带和十分湿润带内,沂河、沭河下游地区,淮河至秦岭以南,长江中下游地区,云南、贵州、广西和四川大部地区,年降水量为800~1 600毫米,干旱指数为0.5~1.0;浙江、福建、台湾、广东等省大部及广西西部,年降水量大于1 600毫米,干旱指数小于0.5。从水资源量看,长江流域面积占全国的19%,水资源量占全国的34%;西南诸河流域面积占全国的9%,水资源量占全国的21%;东南沿海诸河和南岭以南的珠江流域,面积占全国的8.6%,水资源量占全国的25.8%。这些数据说明我国南方地区和北方地区比较,从总体上相对来说并不缺水,但由于降水在时间上分布不均,在水稻的某些关键用水期,因连续多日无雨,河水减少,塘库蓄水用尽,灌溉水量严重不足,影响水稻插秧或正常生长的季节性干旱,仍时有发生,特别是浅山丘陵区,因土层薄、土壤蓄水保水能力差,季节性干旱缺水问题尤其严重。所以南方大部分地区,当发生季节性干旱时,农田对灌溉的要求迫切,仍然需要节约用水。

10. 什么是节水型农业?

节水型农业是以节约用水为中心的农业类型,包括节水灌溉、农田水分保蓄、节水耕作方法和栽培方法、适水种植的作物布局,以及节水新品种、新制剂、新材料的开发应用等。节水型农业就是综合采用这些措施,提高有限水资源的整体利用率,以保持农业持续稳定发展。因此,节水型农业最主要的衡量标准,是看它在发展高产、优质、高效农业中,单位水量所创造的经济价值,以及其为促进国民经济全面发展所做出的节水贡献。

节水型农业的主要内容是灌溉节水,在灌溉用水量占全国总用水量的70%~80%,既存在较大浪费,又痛感灌溉缺水的情况下,只有在节水上狠下功夫,才能促进农业自身和其他用水产业的发展。其他农业节水技术(如充分利用降水、保蓄土壤水分以及减少作物腾发等)都是减少灌溉用水量的有效方法,都必须全面综合运用,以取得事半功倍的节水丰产效果。

11. 为什么我国必须发展节水型农业?

我国是一个水资源相当不足的国家,随着工农业生产的发展、人口的增加,各方面用水量都在成倍增长。据统计:我国总用水量1949年为1 031亿米^3,1957年为2 048亿米^3,1965年增加到2 744亿米^3,1980年达到4 437亿米^3,比1949年增加了3.3倍。其中农业用水量,1949年为1 001亿米^3,占全国总用水量的97%;1957年为1 938亿米^3,占全国总用水量的95%;1965年增长到2 545亿米^3,占全国总用水量的93%;1980年达到3 912亿米^3,占全国总用水量的88%;30多年来农业用水量增加了近3倍。工业和城镇生活用水量从1949年的

30 亿米^3，增加到 1980 年的 525 亿米^3，增加了近 17 倍。虽然 1980 年以前水资源开发得到很大发展，但从 20 世纪 70 年代开始，全国许多城市和广大的北方地区，缺水问题已日渐突出。据预测，2030 年全国总需水量将达 10 000 亿米^3，全国将缺水 4 000 亿～4 500 亿米^3；到 2050 年全国将缺水 6 000 亿～7 000 亿米^3。水资源紧缺问题对国民经济进一步发展的影响必将进一步加深。因此，发展节水型农业不仅是缓解当前农业用水紧缺的重要途径，也是我国农业发展的一项长期战略任务。

12. 为什么节水型农业不是不要灌溉的农业？

发展高产、优质、高效农业是农业节水的立足点，离开了这个立足点谈节水，不符合我国人多地少且是农业大国的国情。所以节水应当是用尽可能少的灌溉水量争取尽可能多的单位面积产量，这应当是节水型农业的基本含义。

就我国的实际情况来看，西北内陆及黄河中上游地区由于降水很少，属常年灌溉地带，没有灌溉就没有农业；东北地区、黄淮海地区及南方诸省虽雨量较多，但均属补充灌溉带，高产对灌溉有较强的依赖性。所以我国不到一半的灌溉面积生产了全国 2/3 的作物产量。然而灌溉面积上的灌溉用水情况并不令人满意，普遍存在着较大的浪费，就是在一些严重缺水的地区，由于规划不周、管理不善、灌溉技术落后和工程不配套等，也同样存在着灌溉用水的浪费现象。不少旱作灌区亩次净灌水量在 100 米^3 以上，有些甚至达到 200～300 米^3；一些水稻灌区仍然沿用深水淹灌，稻田的串灌串排还相当普遍；灌溉水的利用系数一般只能达到 0.5 左右。因此，如果采用先进的灌溉技术和管理办法，节水效果是十分显著的。例如：进行渠道防渗，可以减少渠道渗漏损失的 50%～90%；井灌区采用低压管道输水，可以节约灌溉用水 30%左右；喷灌和滴灌与常规地面灌相比可节水 40%～60%；采用地膜覆盖，进行膜上灌水可节水 50%以上。

正是由于我国灌溉农业有着巨大的节水潜力，加上水资源不足，建立节水型农业才具有特殊的重要意义。如果把节水型农业理解为可以不要灌溉,这就不符合我国国情了。至于占全国耕地面积一半还多的雨养农业,应当是利用耕作栽培技术、改良品种及化学制剂等一切手段,充分蓄存雨水,充分利用雨水,提高对雨水的利用效率,从宏观上来讲,它不是节约用水问题,而是要求把降水尽可能充分地加以利用。如果把它也划入节水型农业的范畴,不仅不能使建立节水型农业的重点得到突出,而且会给人以不灌溉最节水的误解。

13. 有了南水北调工程就可以不再节水吗?

跨流域调水是解决地区间水资源分布不平衡,满足干旱地区用水需要的一条重要途径。然而跨流域调水工程耗资多、工程难度大、用时长,建成一处绝非易事,单位调水成本也很高;尤其是大量外水进入华北近海平原,必然会改变原有的区域水平衡状况,如果不注意节约用水,不仅会大幅度提高农业成本,而且会带来土壤盐碱化的严重后果,国内外均有此"前车之鉴"。所以南水北调后更应惜水如金,不能浪费,要尽力采取一切节水灌溉措施,节约用水,发挥水的更大效益,避免发生负效应。

14. 为什么用水浪费会破坏生态平衡?

生态平衡是在一定时间内,生态系统中的生物与环境、生物与生物之间通过相互作用达到的协调稳定状态。自然界总是由低级到高级,由简单到复杂地向前发展,生态系统通过自我调节和人工控制,也可以处在不断向前发展的相对的动态平衡之中。

在科学发达的今天,每一项技术措施的应用,都或大或小地起着调控农业生态系统的作用,灌溉就是人们通过生产活动来实现对降水不足的补充,是对生态系统的人工调控。灌溉适当,满足了农作物需水要求,解除了干旱,获得了丰产,使人工调控生态系统向着优化方向发展;过量用水,不但浪费了水量,还可能因地下水位上升,产生土壤盐碱化、沼泽化,造成生产力下降;过量开采地下水还会造成地下水下降漏斗、

海水入侵、房倒屋塌等,使生态系统朝着恶化方向发展。这就是破坏生态平衡带来的恶果。

15. 为什么用水浪费会引起土壤盐碱化?

农田次生盐碱化的发生、发展与灌溉用水不当关系很大,北方一些地区,如黄淮海平原、宁蒙河套平原,土壤中可溶性盐类自然淋洗程度较差,在排水不畅地区,盐分累积,形成盐渍土和高矿化的浅层地下水。在引河水灌溉时,如处理不当,引水量过大、渗漏严重、灌水超量都会引起地下水位升高,如果地下水顺土壤毛细管上升到地表面,水分大量蒸发,盐分留在地表,土壤积盐逐渐增加而发生次生盐碱化。在这方面我国有过严重的教训,1958—1961 年,北方大面积发展引黄灌溉,由于重灌轻排、只灌不排、工程不配套、大水漫灌,地下水位恶性上升,造成了我国历史上一次罕见的突发性大面积耕地次生盐渍化。到 1962 年,河南、山东两省不得不停止引黄灌溉,全力以赴转向除涝治碱。这个教训是应当永远汲取的。

16. 为什么用水浪费会引起土壤渍害?

灌溉可以补充土壤水分不足,但灌水过量、用水浪费又可能引起土壤渍害或土壤沼泽化。

渍害田主要分布在山冲谷地以及沿江、滨湖、滨海的低洼地区,如排水不畅再加上过量灌溉,作物生长期地下水位长期处于地表面附近,土壤水分过多,使作物根层处于湿冷和通气不良的土壤环境,形成渍害,影响农作物正常生长,产量很低。渍害按其成因有多种类型,但用水浪费是各种类型渍害田发生或发展加重的重要因素。

沼泽化土壤是地表常年或季节性积水条件下形成和发育的土壤,其成因虽不完全是用水浪费所致,但用水浪费导致地下水位上升,无疑也是土壤沼泽化形成的条件之一。土壤沼泽化以后,作物渍害更为严重,必须采取排水疏干措施,才能恢复耕种。

17. 为什么井灌区会产生地下水下降漏斗?

我国北方平原地区的井灌面积很大。20 世纪 60 年代以后大规模发展机井灌溉,主要开采浅层地下水。到 1988 年,北方 17 省、市、自治区配套机井已达 248 万眼,装机 2 500 万千瓦,井灌面积达到 1. 66 亿亩,其中冀、鲁、豫三省共有配套机井 178 万眼,井灌面积 1. 11 亿亩。2022 年,我国建成高标准农田 1 亿亩,累计建成高效节水灌溉面积 4 亿亩。北京、天津以及河北省地下水开采量已占地下水资源量的 70%以上;河南、山东两省次之,为 55%~66%。由于对地下水的开发利用缺乏严格的规划设计,部分地区机井密度过大,超量开采地下水资源,甚至任意加大井深,开采难以得到补充的深层地下水,致使这些地区地下水位逐年下降,而不能随降水得到周期性恢复。水位下降有的达到几十米,越到区域中心地下水位越深,形成漏斗状,称为地下水下降漏斗。在集中提取地下水的城市工业区,这种现象尤为严重。

地下水位大幅度下降的后果是严重的,不仅会使原有的浅机井报废、提水高度增加、能耗加大,而且会使地下水甚至地表水资源量逐渐减少,严重的还会引起地面沉降、滨海地区海水入侵,给地下淡水资源带来严重破坏,因此必须采取措施加以解决。

18. 节水灌溉能解决地下水超采问题吗?

控制地下水开采量是缓解地下水超量开采的措施之一。节水灌溉是用尽可能少的水量投入,以取得尽可能多的农作物产出的一种灌溉模式。不管是采用更合理的灌溉制度,还是改用新的灌溉节水技术,都可以在现有基础上节约出大量灌溉用水。从减少提取水量的角度看,无疑节水灌溉是一项缓解地下水超采的重要措施。北京市顺义区改井渠双灌为井灌和喷灌,不仅节约地面水 1. 2 亿米^3,而且机井数量减少了一半,地下水位保持稳定,增产 20%以上,就是一个很好的说明。

但是,节水灌溉既包括减少输配水过程的水量损失,也包括减少田间灌溉的水量损失,如果不能像北京市顺义区那样把两者全面抓起来,

只是从减少输配水损失出发采取渠道防渗或管道输水等节水灌溉措施，而田间灌溉的灌水次数反而增加，每次灌溉水量也没有减少，从全过程看，并不一定能减少地下水提取量，因而也难以解决超采问题。

19. 节水丰产对全国有普遍意义吗？

我国是一个人口众多、水资源又不足的国家，现有灌溉面积约8.66亿亩，每年灌溉用水量近4 000亿米^3。随着社会的进步、生产的发展和人口的增多，用水量还要增加。2022年，我国有效灌溉面积达7 016.2万公顷（约为10.52亿亩），同比增长0.79%。目前，北方地区的水资源紧缺问题已经比较突出，南方地区的季节性缺水有时也相当严重，要发展我国的社会经济，以全球陆地6.4%的国土面积和全世界7.2%的耕地面积，养育全球20%以上的人口，努力提高节水丰产技术水平，不但对全国有普遍意义，而且是一项长期的战略任务，是一项重要的国策。

二、节水丰产的需水规律

20. 要了解作物需水规律，首先应知道哪些专用名词？

(1)田间持水量。关系到植株生长发育的重要土壤水分常数。旱地灌水后向下渗透停止，土层内不再有重力水下渗，这时的土壤含水量称为田间持水量。

(2)植株蒸腾。植株从叶表面与茎秆表面的气孔，向大气中散发水分的过程。

(3)棵间土壤蒸发。从棵间土壤表面或水面向大气散发水分的过程。

(4)凋萎系数。植物吸收不到水分而呈现萎蔫状态时的土壤湿度。

(5)光合作用。绿色植物利用光能将其吸收的 CO_2 和水同化为有机物，并释放 O_2 的过程。其光化学方程为：

$$CO_2+H_2O \xrightarrow[\text{叶绿体}]{\text{光}} CH_2O+O_2$$

(6)生殖生长。植物长出花、果实与种子的过程。

(7)营养生长。植物生长根、茎、叶等器官的过程。

(8)水分生产率。作物生长在田间消耗的单位体积的水分与制造的干物质或经济产量的比值。

(9)水文年。把逐年降水量按大小顺序排列，计算出大于或等于某个年降水量出现的频率，画出年降水量(纵坐标)与频率(横坐标)的关系曲线，找出典型频率25%、50%、75%的年降水量，习惯上把这些对

应频率的年称为水文年。

21. 什么是作物需水量和需水规律？不同作物需水规律有什么不同？

作物需水量是指作物在适宜土壤水分条件下，正常生长取得最大产量时，其棵间蒸发（水面或土壤）量、植株蒸腾量与组成植株体的水量之和。由于组成植株体的水量与植株蒸腾量、棵间蒸发量相比很小，可以忽略，所以作物需水量一般指蒸发蒸腾量之和（简称腾发量）。

需水规律指的是作物全生长期不同生长发育阶段需水量占全生长期总需水量的百分比，以及需水量在全生长期的变化特点等。这种规律可以用表格中的数字表示，也可以概括为一条变化过程线。如图 2-1 所示，图中过程线反映出夏玉米不同生育阶段日需水量（又称需水强度）的变化。

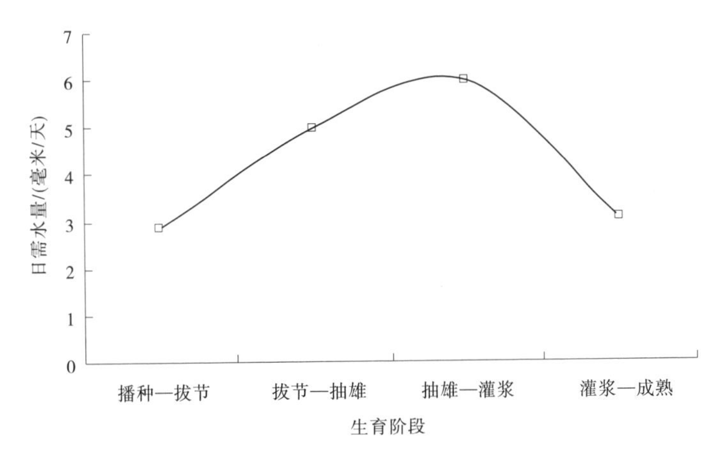

图 2-1　夏玉米需水量变化过程线

需水高峰期即是作物生殖生长与营养生长达到高峰的时期，如玉米抽雄—灌浆期、小麦的拔节—孕穗期、棉花开花—结铃期等。需水高峰期也正是作物灌水的关键时期。所谓灌关键水，就是在需水高峰期灌水，满足高峰需水要求。这种变化规律各种作物基本相似，只是分布的时间有所不同,峰值有高、低、宽、窄之分。

22. 什么是需水系数？不同作物的需水系数是多少？

作物需水系数是指生产每千克作物籽实(或称经济产量)所消耗的水量。一般用英文大写字母 K 表示,其表达式为

$$K=\frac{ET_c}{Y} \tag{2-1}$$

式中 K——作物需水系数,无量纲;

Y——经济产量,千克/亩;

ET_c——作物需水量,千克/亩。

夏玉米需水系数大小与产量有关,一般随着产量增大,需水系数明显减小(见图 2-2)。作物需水系数大小也反映栽培水平的高低。栽培水平高不仅产量高,需水量相对减小,需水系数也小。

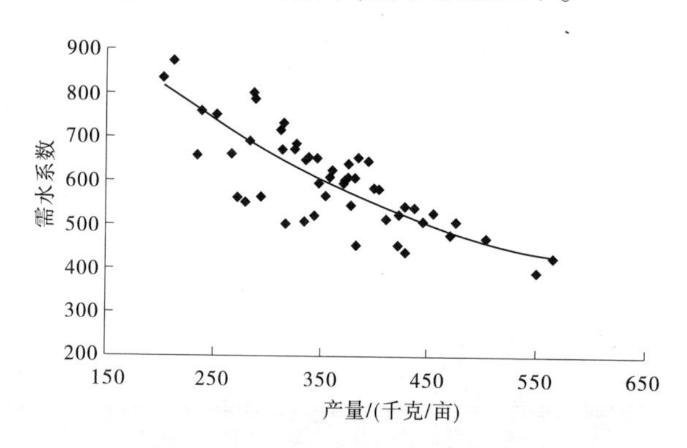

图 2-2 夏玉米产量与需水系数关系

23. 什么叫灌溉制度？

灌溉制度指作物生长期内灌水时间、灌水量、灌水次数和灌溉总水量的总称。根据作物各生育期需水量与降水量、地下水补给量经过平

衡计算确定。西北干旱地区降水稀少，不同年份作物需水量与需水规律相对稳定，也很少变化。但在半干旱、半湿润或湿润地区，作物生长期雨水补给较多，而降水量年际及年内变化又很大，就不能采用固定模式的灌溉制度，需要根据水文年制定出干旱年、中等干旱年、丰水年等几种不同的灌溉制度，作为年初制订灌区配水计划的参考。执行中还要根据实际降水情况和作物长势适当修改。

24. 丰产灌溉制度与节水灌溉制度有什么不同？

丰产灌溉制度是指在作物全生育期间，为满足各生育阶段对水分的要求，使作物得以正常生长发育，并取得丰产的灌水时间、灌水量、灌水次数和总灌溉水量的统称。

节水灌溉制度是在20世纪70年代以来，由于水资源短缺而逐步提出来的，泛指的是减少灌水次数与降低灌溉定额这一做法或想法的总称。诸如灌关键水、限额灌溉以及非充分灌溉等，习惯上统称为节水灌溉制度。

25. 什么叫土壤墒情，分哪些种类？进行田间验墒时应该综合考虑哪些内容？

土壤墒情是我国北方旱作地区农民对土壤含水量情况的简称。通常有两种分类方法：一是按照土壤表层含水量的多少进行分类；二是按照一米深土层进行分类。

按照土壤表层含水量的多少可分为：

(1)汪水。指大雨或人工灌水以后，土壤过湿而土表汪水，相当于田间持水量以上的含水量，旱地不能进行耕种。

(2)黑墒。指土壤含水量丰富，为田间持水量的75%以上，土色发暗。手握土壤容易成团(砂土除外)，手上有湿印和凉感。黑墒含水量偏多，水分移动较快，为速效水。若春播时为黑墒，则土温往往偏低，幼苗生长缓慢；当作物生长时为黑墒，则有利于供水。黑墒时耕作易起坷垃，应适当散墒后再行耕作，注意掌握宜耕期。

(3)黄墒。指含水量比黑墒低,为田间持水量的 50%~70%,土色发黄。手握土壤可成团,自由散落地上时,约有一半散开;手上稍有湿痕,微有凉感。黄墒时最适于旱地耕作和作物生长;但土中毛管水已经断裂,水分运动较慢,为迟效水。当作物耗水量大时,中午前后会出现暂时萎蔫现象。

(4)灰墒(又称潮干土)。指含水量比黄墒更少,约为田间持水量的 50% 以下,呈半干半湿状态。手握土壤不成团,容易散开,为难效水。除抗旱力较强的高粱和谷子可勉强播种外,一般作物难保全苗,更难以满足作物生长需要。

(5)干土。指土壤含水量在萎蔫系数以下,为无效水,不能耕作和播种。

按照一米深土层可分为:

(1)表墒(0~20 厘米)。指耕作层的土壤含水量,它受气候、作物和农技措施影响最大,变化最为剧烈。

(2)底墒(20~50 厘米)。受上述外界影响渐弱,但仍为作物根系主要分布层。它对土壤水分、养分等肥力因素变化有承上启下作用,对作物生长亦有很大意义。

(3)深墒(50~100 厘米)。受外界影响更小,但作物根系仍有分布,尤其是深根作物最为明显。深墒变化较小,当深墒丰富时,对底墒和表墒有一定的补给作用。

进行田间验墒时,应注意综合考虑以下因素:

(1)干土层厚度和整地质量。若干土层厚度在 5 厘米以下,且其下墒情尚好(如黄墒),则可正常播种,并适宜作物生长;若干土层厚度在 5 厘米以上,且其下墒情较差,则将影响作物播种和生长;若干土层厚达 10 厘米左右,则旱情严重,作物生长受抑,应及早采取有效措施防旱抗旱。表层整地质量好坏主要影响保墒效果和播种质量。

(2)表墒、底墒、深墒的含水量及其相互补给作用和对作物的有效性。

(3)作物生长情况。包括作物所处的发育期、植株长相、根系分布、耗水深度以及作物对墒情的要求等。

(4)未来天气变化情况。以预测墒情变化和旱情发展趋势。

26. 土壤水分与作物生长的关系如何?调节土壤水分的途径都有哪些?

作物从播种到成熟收获的整个生命周期中所需要的水分,几乎全部是通过根系从土壤中吸收的,因此土壤水分与作物生长的关系极为密切,正如农谚“有收无收在于水”所说。土壤水分与作物生长的密切关系主要表现在:①土壤水分不仅是作物有机体的重要组成部分(许多作物体的含水量均高达80%~90%),而且是作物体进行光合作用和蒸腾作用等最重要生命活动的参与者。例如:作物的光合作用就是作物的绿色叶片在太阳光的作用下将二氧化碳和水合成有机物的过程。②作物对氮、磷、钾等养分的吸收和运转都离不开水。③通过蒸腾消耗水分,可以调节作物体温,防止高温烧伤。④水分是土壤的重要组成成分,对土壤中发生的物理、化学和生物学过程,对土壤中的热量、空气和养分等状况都有重要影响,从而影响作物生长。

综上所述,可以明显看出,土壤水分对作物生长发育和产量形成都是十分重要的。如果土壤严重缺水,尽管其他条件再好,也会严重减产甚至颗粒无收。当然,如果土壤水分过多,则会形成土壤空气,特别是氧气不足,土温过低,有毒物质积聚,同样会危害作物正常生长发育,导致产量和品质下降。因此,为了保证作物正常生长发育,要求土壤在作物整个生长发育期间,都具有适宜的水分状况。

调节土壤水分的途径,常有以下几种:

(1)大力发展灌溉排水工程,特别是建立能灌能排的农田水利系统,是调节土壤水分状况的最根本途径。我国南方地区雨量丰沛,但时间分配不匀,干旱和雨涝频繁发生,亟须发展灌溉排水工程来进行调节;北方地区雨量偏少,干旱发生频率更大,发展农田灌溉水利系统,科学合理地引用地下水灌溉,将可明显减缓干旱发生的频率和强度。

(2)最大限度地截留大气降水,尽量减少水分的非生产性消耗,使土壤水分经常保持良好状况。这是从开源和节流两个方面来改善土壤水分的收支平衡状况。影响土壤水分收支平衡既有外部因素，也有内部因素。外部因素包括地形、植被、小气候和种植制度等。可以通过农田基建、实行山水田林路综合治理、建立合理的轮作制度等一系列措施改变生产条件，极大地减少水土流失，实现最大限度地截留大气降水。内部因素主要是土壤本身的透水性、持水性和供水性等水分性质，这些水分性质均和土壤质地、结构、有机质含量、松紧度等密切相关。因此，可以通过增施有机肥、合理耕作、喷播客土等措施，增加土壤有机质含量、改善土壤质地与结构状况，从而改善土壤本身的透水性、持水性和供水性等水分性质。

(3)提高土壤水分对作物的有效性，增加土壤中有效水的含量。例如：采取深耕结合施用有机肥的措施，不仅可以降低凋萎湿度、提高田间持水量，而且可以加厚活土层、促进作物根系生长、扩大根系吸水范围，对提高土壤水分的有效性、增加土壤中有效水的含量均有积极的效果。

27. 什么叫适宜土壤水分？玉米不同生育阶段的适宜土壤水分指标是多少？

适宜土壤水分是指适合作物生长发育的土壤水分状况。关于作物对土壤水分的吸收和利用问题，目前世界上还有不同看法。一种认为从凋萎湿度至田间持水量范围内土壤水分对作物生长是等效的，也就是说，此范围内的土壤水分不论多少都为适宜；一种认为土壤水分高低不同，对作物的有效性也不同。也就是说，土壤水分从凋萎湿度开始到田间持水量之间，适宜程度从低到高逐渐增大，不是等效的。

根据多年研究，国内提出了玉米各生育阶段的适宜土壤水分指标，如表 2-1 所示。可以看出，不同生育阶段的适宜土壤水分虽有差异，但基本相近，为田间持水量的 70%～75%，70%可作为不同生育期的适宜土壤水分下限值，根层土壤水分达到这一指标就应灌水。但不同生育期对水分的敏感程度不一样，非敏感期指标值可以降低一些，而敏感期则应严格掌握达到下限指标时，及时灌水。

表 2-1 适宜土壤水分指标

生育阶段	播种出苗	苗期	拔节	抽雄期	灌浆期
占田间持水量/%	75~80	65~75	70~80	75~85	65~75

28. 玉米一生需要多少水？什么时间需水最多？什么时间对水分最敏感？

夏玉米主要分布在华北地区、陕西关中、江苏北部和安徽北部等地,需水量为350~400毫米。各地差别不大。主要原因是受夏季风的影响,各地夏玉米生长期,热量条件相近。夏玉米日需水强度最大为4.0~5.5毫米,发生在拔节与抽雄期。此间玉米对水分十分敏感,天气炎热,生长旺盛,生长量达一生最大值,如得不到水的及时供给,会严重影响生长。

春玉米分布范围较广,从东北到内蒙古,直到甘肃敦煌一带都有种植。因地区间气候条件明显不同,需水量差别较大,在400~700毫米。春玉米需水高峰期在拔节、抽雄期,日需水强度为5.0~7.0毫米,保证此间春玉米需水要求,对丰产至关重要。

29. 玉米"卡脖旱"是什么意思？

玉米"卡脖旱"是指玉米抽雄期干旱对抽雄穗的影响。尤其是夏玉米,此间正值7月下旬8月上旬,天气炎热,蒸发量大,如干旱缺水,轻者影响抽雄穗时间,造成花期不遇,影响授粉与籽粒形成,重者雄穗抽不出来,造成绝收。为消除"卡脖旱",就要在抽雄前拔节期及时灌水,以满足抽雄期玉米对水分的要求。

30. 怎样进行灌溉预报？

灌溉预报是根据气象因素(如温度、风速、降水)与生物学因素,按一定的数学模型预报未来时段的土壤水分变化,确定灌水时间与灌水量。因为在半干旱、半湿润地区降水较多,而且时间不定,可以根据灌溉预报进行农田用水动态管理。

灌溉预报的核心是准确预报未来时段农田作物耗水量、降水量、地下水补给量,再根据这些来去水量建立一定土层深度(60~100 厘米)的水量平衡方程,用此方程求得某一时段的土壤含水量,而后确定灌水时间与灌水量。

31. 作物需水量能够人为控制吗?

作物需水量受气候、土壤、水文地质、生物、栽培条件等多种因素的影响,随着这些条件的变化而变化。人为因素能够在一定程度上影响作物需水量,如不同灌水方法的需水量就不一样。畦灌由于整个地面湿润,棵间蒸发量大,需水量也大;滴灌只在根附近局部灌溉,湿润范围小,棵间土壤蒸发量小,需水量自然也变小。又如采用薄膜或秸秆覆盖,因消除或减少了棵间蒸发,需水量也相应降低。因此,只能说人为措施可以影响或减少需水量,但还谈不上控制。随着科学技术的发展,在人们能够控制气候变化的时候,作物需水量也将有可能人为地加以控制。

三、节水地面灌溉技术

32. 什么是地面灌溉技术？有哪几种？有什么优缺点？

灌溉水在田间流动过程中呈一定深度的水层，借重力和毛管作用下渗或浸润土壤，这种灌水方法称为地面灌溉，也称重力灌水法。因地面灌溉的田间工程简单，水头要求不高，能源消耗少，容易为群众掌握，不需要特殊的专用设备，投资较省，故地面灌溉历史悠久，是应用最广的一种灌水方法。根据灌溉水渗入土壤的方式，地面灌溉有以下四种形式：

（1）畦灌。从末级灌水渠（管）将水引入由临时修筑的土埂做成的长方形畦田中，灌溉水在畦面上以薄层水流形式借重力作用沿畦长方向流动，同时向土壤入渗湿润土壤。畦灌适用于窄行密植作物，如小麦、谷子、蔬菜等。

（2）沟灌。从末级灌水渠（管）将水引入作物行间沟中，水在沟中沿沟长方向流动。在流动过程中部分水靠重力作用垂直下渗，部分水靠毛管作用以侧向渗吸的方式浸润沟背。沟灌适用于灌溉玉米、棉花等中耕宽行作物。

（3）格田淹灌。从末级灌水渠（管）将水引入用土埂围成的格田，并建立一定深度的水层，靠垂直下渗浸润土壤。格田淹灌适用于水稻灌溉或冲洗改良盐碱地。

（4）漫灌。没有田间灌水工程或工程简陋，水引入田块后，任水漫流渗入土中，仅用于灌溉天然草场和引洪淤灌。

地面灌溉技术存在灌水定额(亩次灌水量)大、容易破坏土壤团粒结构、土壤表层易板结、水的利用率较低、平整土地工作量大、田间工程占地多等缺点。

33. 节水地面灌溉技术包括哪些内容？有什么特点？

地面灌溉技术目前仍然是世界上特别是发展中国家广泛采用的灌水方法。随着水资源供需矛盾日益突出，传统的地面灌溉技术暴露出灌水定额大、田间水利用率低、水量浪费大等缺点。因此，改进地面灌溉技术，节约灌溉用水，已引起各国的重视，并积极研究推广节水的地面灌溉技术。它包括改进灌水沟畦规格、研究和采用先进的平地技术及地面灌水技术。在我国，鉴于目前耕地平整标准不是太高，畦田面积和畦长不宜过大和过长，宜采用小畦灌。根据试验，自流灌区的畦长一般以 40~60 米为宜，井灌区一般以 30~40 米为宜。

节水地面灌溉技术主要包括以下几种：①细流沟灌，即在每个灌水沟口放一个小管，控制入沟流量，沟中水流缓慢流动，既不破坏土壤，又可使灌水均匀，节约水量；②隔沟灌是沟灌的一种形式，只是采用隔沟灌水，适用于缺水地区或必须采用小定额灌溉的作物的某一生长季节；③膜上灌则是新疆地区在地膜栽培的基础上，把膜侧水流改为膜上流，通过放苗孔和膜侧旁渗给作物供水，以防止地面灌溉的深层渗漏和棵间蒸发，并通过调整畦上地膜首尾的渗水孔数及孔的大小达到较高的均匀度；④一些经济发达的国家，随着先进的激光平地技术问世，其被用于大面积土地平整，且平整的标准很高，可以加长、加宽畦田尺寸，加大入畦流量，实行水平畦灌，以改善灌水均匀度和提高浇地效率；⑤波涌灌是 20 世纪 80 年代以来，由美国研制投入使用的，灌溉水通过专门的周期性开关放水闸门流入灌水沟畦呈脉冲涌流状态，由于加快了沟畦中水流速度，从而提高了灌水均匀度，减少深层渗漏，降低灌水定额。

34. 怎样确定灌水量?

地面灌溉灌水量是根据不同农作物的灌溉制度确定的,而作物灌溉制度是根据作物对水分的要求,结合当地气候、土壤、农业技术等制订出作物全生育期内的灌水次数、灌水时间、亩次灌水量和总灌溉水量。

目前,我国普遍采用两种方法来确定灌溉制度:一是在总结当地群众丰产节水灌水经验的基础上,通过分析制订;二是根据田间土壤水量平衡分析,并参考当地群众灌水经验或试验研究成果来制订。前者一般以经验分析数据为依据,结合看天、看地、看作物。如天气干旱,气温较高,则田间水分蒸发快,必须及时灌水,灌水定额可稍大些;如果在雨季或雨季来临前出现缺水现象,则灌水量可少些。旱作物各生育期对土壤水分的要求不同,须根据当时、当地土壤中含水量的多少来确定灌水时间和灌水定额。

水稻各生育期对田面水层的要求也不相同,有深有浅,或湿或干,这也要看当时稻田田面水层情况,决定是否灌水和灌多少水。另外,无论旱作物或水稻,还要看农田土质、肥力和地下水位高低,如黏性土壤,因保水能力强,灌水次数可少些,亩次灌水量可稍多些;反之,砂性土壤的保水能力差,灌水次数则要多一些,亩次灌水量应少一些,以免产生水分和养分的流失。在地下水位较高的地区,亩次灌水量不宜过大,以免引起地下水位升高,导致土壤过湿或盐碱化现象。后一种方法(田间水量平衡法)主要是根据土壤的水分变化情况来拟定,一般要求在作物生长期内将土壤计划层的含水量(水稻为计划水层的深浅),维持在作物适宜含水量的上限和下限之间,当土壤含水量降至下限,而不能满足作物各个发育时期的要求时,应进行灌水。灌水量的大小,应根据作物生长期的土壤计划湿润层深度(通常以作物主要根系活动层作为灌水时土壤计划湿润层)及其田间持水量等来确定。但亩次灌水量不要超过计划湿润层的田间持水量,否则多余的水分渗入地下产生深层渗漏,浪费水量,并抬高地下水位,容易引起土壤盐碱化。旱作灌水定额为:

$$m = 667r \cdot H(\beta_{持} - \beta_{前}) \tag{3-1}$$

式中 m——灌水定额，米^3/亩；

r——土壤容重，吨/米^3；

H——某一生育阶段的计划湿润层深度，米；

$\beta_{持}$——田间持水量（%）；

$\beta_{前}$——灌水前土壤含水量（%）。

35. 沟畦规格布置应遵循哪些原则？

在地面灌溉中，沟畦规格直接影响到灌水质量的好坏、灌水效率的高低、土地平整工作量的大小、田间渠系的布置形式与密度等。因此，沟畦的规格和入畦流量与地面坡度、土地平整情况、土壤透水性能、农业机具等有关。在自流灌区，畦长30～60米，畦宽则应根据作物行距和当地耕作机具宽度的整倍数来确定，一般为2～4米。入畦单宽流量一般控制在3～6升/秒，以使水量分布均匀和不冲刷土壤为原则。一般适宜的畦田田面坡度为0.001～0.003，如地面坡度较大，土壤透水性较弱，畦田可适当加长，入畦流量适当减小；反之，则要适当缩短畦长，加大入畦流量，才能使灌水均匀，并防止深层渗漏。畦田的布置随地形坡度、田块地形而定，大都结合耕作方向，双向控制式小畦布置形式适用于坡度较大的地段，单向控制式小畦布置形式适用于地面比较平整、坡度较小的地段。

沟灌的灌水沟一般垂直于地面等高线，若地面坡度过大，可使灌水沟与地面坡度方向成锐角布置，使灌水沟有适宜的比降。沟的间距因土壤性质而异，并与作物行距相适应。根据经验，一般轻质土多为50～60厘米，中质土为65～75厘米，重质土为75～80厘米。灌水沟的长度应根据地形坡度大小、土壤透水性强弱及土壤平整状况等条件而定。当地面坡度小、土壤透水性强、土地平整性较差时，应使灌水沟短些，入沟流量大些，以免沟首尾湿润不均匀，沟首产生深层渗漏，浪费水量；当地面坡度大，土壤透水性弱，土地平整性较好时，则应使灌水沟长一些，入沟流量小一些，以保证有足够的湿润时间。灌水沟的长度直接关系

到浇地质量,最好根据当地具体条件,通过试验确定。目前,我国灌水沟长度一般为 30~50 米,有的地区达 100 米。灌水沟过长会增加平整土地工作量,且不易使灌水均匀和实行小定额灌水。灌水沟的断面一般沟深为 15~20 厘米,沟宽为 40~50 厘米。

36. 怎样布置田间临时渠道?

田间临时渠道一般包括毛渠和输水垄沟,为季节性挖填渠道,其作用是把农渠的水输送到灌水沟畦中。根据地形条件和灌水需要,有以下两种基本布置形式:

(1)纵向布置。在地面坡度较小,且农渠平行等高线布置时,为了有利于灌水,常使毛渠与农渠垂直,灌水沟畦也垂直于农渠方向。农渠中的水从毛渠流经输水垄沟,然后进入灌水沟畦。毛渠的布置要注意控制有利地形,保证向沟畦正常输水。输水垄沟的间距等于灌水沟的长度,临时毛渠的间距等于输水垄沟的长度。若可双向控制,毛渠间距则加大一倍,毛渠的长度与条田的宽度近似。纵向布置能较好地适应地形变化。

(2)横向布置。适合于地面坡度较大,且农渠平行等高线,或地面坡度较小,农渠垂直等高线这类布置,灌水方向应平行农渠。这种布置,只需一级临时毛渠就可直接向沟畦灌水,临时渠道较少,但对土地平整工作要求较高,临时毛渠的间距就是灌水沟畦的长度,毛渠的长度以条田的宽度而定。完善的田间临时渠道对于提高灌水质量、充分发挥灌溉效益、节约灌溉用水具有十分重要的作用。

37. 怎样平整土地?

平整土地是实行地面灌溉、提高灌水质量、缩短灌水时间、提高灌水劳动效率、节水增产的一项重要措施,群众称“平地如修仓,跑水如跑粮,灌溉不平地,费水又费力”,这充分说明了平整土地的重要性。

平整土地可分为重点平整与全面平整两种。重点平整也叫局部平整,主要目的在于消除一些不利于耕作和灌溉的坑穴、废沟、废堤及个别面积不大的高地或低地等，基本满足耕作和灌水的一般要求。全面平整不仅要消除灌水地段内的不利地形，如倒坡、陡坡和大大小小的不平整之处，使灌水地段内形成均一的灌水方向、适宜灌溉的地面坡度，同时对荒地、洼地、沟壕等也要一并予以平整，因此平整工作量大。平整土地一般应考虑以下要求：

（1）旱作区平整后的地面坡度要求与采用的灌水方法相适应，如用畦灌，适宜的田面坡度为0.005~0.05；如用沟灌，适宜的田面坡度为0.01~0.05，水稻区格田内应基本呈水平。

（2）应满足一定的平整精度。畦灌的田面起伏一般不应超过±10厘米，沟灌不应超过±20厘米。

（3）平整后的土地应保持一定的肥力。平整土地时不宜切削过深，以免耕层土壤肥力下降，导致作物减产，一般允许切削深度不超过10~15厘米，并遵守“生土垫底，熟土铺面”的原则。

（4）土方工作量最省。在平整范围内要求尽可能做到削高垫低，使挖填方数量基本平衡，且运距最短，总的平整土方工作量最小。

通常使用以下几种平整方法：

（1）结合耕作进行平整。主要是消除高低相差不大的局部地形。

（2）结合修筑田间工程进行平整。在修筑田埂和农渠、毛渠时，可从高处取土，挖排水沟时的出土可用来填平低地，也可结合打埂划畦，在畦田范围内进行平整；在修筑田间工程时，如有多余废土，应妥善堆放，以免影响农田耕作。

（3）大整大平。这是平整土地当中用工最多、动土方量最大的一项工程。一般可采用挖山填沟的办法，可根据当地劳力情况，逐步平整，进行耕作。

38. 什么是激光平地？

为了提高平整土地的精度和效率，20世纪70年代，美国、苏联等便开始采用激光控制挖深、填高、平整土地，即在田间安设激光发生器，在平土机械上装置激光接收器，由激光发生器发出激光形成一控制平

面(或有一定坡度的斜面),通过激光接收器来控制平土机械的挖填深度。利用激光器控制填挖,精度高,最大的控制长度可达到300米,平整土地质量高,灌水均匀度可达90%以上,可节水20%。激光平地机分精、粗两种:前者带一个铲运斗,只能做上、下水平平整,每次挖深0~10厘米;后者带两个铲运斗,可做90°以内的翻挖运土,每次挖深10~20厘米。平地时,测量点高于设计坡度,则闪亮最上面黄灯,表示要填土,待激光平地机在地块中不断运行,不断挖填,直至符合设计坡度,中间的绿灯才闪亮。目前,经济发达国家已普遍采用这种技术,有的发展中国家在水稻种植区和沙漠地区也正准备引进。

39. 用虹吸管从毛渠向地块供水有什么好处?

为了准确地控制入沟、畦水量,通常采用放水管或虹吸管从末级渠道引水入沟、畦,以提高灌水质量和灌水工作效率。但必须注意控制毛渠的水位,使之保持基本稳定,以保证水流能正常进入沟、畦。如渠中水位变动过大,会使空气进入虹吸管,引起水流中断。使用虹吸管放水有较稳定的流量系数,并可随意移动,且投入较低,便于管理,还可避免放水孔口被冲等弊端。通过虹吸管的流量随水头压力和管径等不同而变化,因此放水前应先充水以排除管内空气,然后搁置在渠道上向块供水,根据相关公式事先绘制出不同管径虹吸管和不同水位差情况下出水流量(见表3-1)。另外,虹吸管应选用有一定硬度的管材做成,以免虹吸时,管壁被吸扁,导致不出水。

表3-1 虹吸管流量

水头压力/厘米	不同直径(厘米)的虹吸管的流量/(升/秒)				
	2	3	4	5	6
2	0.12	0.26	0.51	0.83	1.22
4	0.17	0.38	0.73	1.18	1.75
6	0.20	0.45	0.88	1.42	2.10
8	0.24	0.53	1.03	1.65	2.45
10	0.26	0.58	1.14	1.83	2.72

40. 对田间配水建筑物有什么要求？如何选择？

为了有效地控制水量，安全输水，准确地分配水量，在田间各级渠道上必须修建配水建筑物。田间配水建筑物的作用是将渠道中的水由上级渠道分配给下一级渠道，一般设置于上一级渠道的渠堤上，且多呈90度夹角。由干支渠给斗渠配水的叫斗门；由斗渠给农渠配水的叫农口（或农门）；由斗渠或农渠给毛渠配水的叫毛口。为了按计划保证给下一级渠道供水或根据轮灌的需要，有时需要在上级渠道中，紧邻斗门、农口、毛口下端设置节制闸。这种节制闸和农口、毛口联合在一起的建筑物，一般称分水闸。

田间配水建筑物力求结构简单，就地取材，最好采用本地区统一的标准设计图，统一规格，便于施工。当上级渠道渠堤不高、分水流量较大时，可选用开敞式斗门；当上级渠道渠堤较高、分水流量不大或渠堤与道路结合（堤路合一）时，采用涵管式。为了使水流平稳，斗门进口常用锥形护坡，出口常用过渡段，在进出口都要设一定长度的直护坡和护底，并在其始末端设置齿墙，以防止水流冲刷土渠。斗口上用的闸门一般有平面木闸门、铸铁闸门和铁丝水泥闸门等，其尺寸根据斗口流量、水深而定。农口、毛口的构造与斗门相似，因通过流量较小，构造比较简单，通常安装预制混凝土管，进出口段一般不设扭坡或圆锥护坡，而采用“八”字形护坡连接。田间渠系的分水闸（包括节制闸及农口、毛口）闸孔宽度视流量、水深而定，其他各部尺寸可参考本地区标准设计图确定。

41. 如何减少畦灌的灌水定额？

畦田大小、入畦流量和放水时间是影响畦灌质量的主要因素，灌水质量固然与灌水技术有关，更取决于土地平整程度和田间工程配套情况。采用小畦灌（畦长30~50米）时，由于畦小地平，灌水均匀（均匀度一般在80%以上），适时适量，做到按定额用水，减少深层渗漏，从而可大大降低灌水定额。小畦灌比一般畦灌增产10%~15%，灌水定额每

亩平均 40 米^3,而一般畦灌平均每亩需 80 米^3,可减少灌溉定额 50%。入畦单宽流量不宜过大,一般控制在 3~6 升/(秒·米),以使水量分布均匀和不冲刷土壤为原则。当土壤质地、地面坡度、畦田长度相同时,单宽流量的大小与灌水定额有关。一般是单宽流量越小,灌水定额越大;单宽流量越大,灌水定额越小。根据陕西省泾惠渠试验结果,在畦田规格为 8.5 米×4 米,纵坡为 1/400~1/800 时,两者关系见表 3-2。

表 3-2　单宽流量与灌水定额

单宽流量/[升/(秒·米)]	1.0~2.5	2.6~5.0	5.1~7.5
灌水定额/(米^3/秒)	77.83	54.46	47.16

再就是控制好放水时间,为了使畦田上各点土壤湿润均匀,就应使水层在畦田上各点停留的时间相同,在实践中往往采用及时封畦口的方法,即当水流到离畦尾还有一定距离时,就封闭入水口,使畦内剩余的水流向前继续流动,到畦尾时则全部渗入土壤。根据不同的灌水定额、土壤透水性、坡度等条件,可以采用七成、八成、九成或满流封口,以防止串畦和畦尾大量积水或泄水,减少灌水量。

42. 什么是水平畦灌?

水平畦灌是一种在短时间内供水给大块水平畦田的地面灌溉方法,是一种先进的节水灌水技术。水平畦是用堤埂围成的各种尺寸和各种形状的地块。由于畦田面积大,不仅节约了畦埂占地,还便于大型机具作业。水经过进水口流入水平畦田,短时间内在整个畦面形成水层,缓慢入渗。由于水平畦灌的水流能迅速到达整个畦面,因此深层渗漏损失小,且不产生地面径流,在土壤渗透性弱的条件下,灌溉用水效率可达 90%以上。因畦田中水均匀入渗,起到了淋洗土壤盐分的作用,还可直接控制供水时间,便于实现自动化管理。但这种灌溉方法对平整土地质量要求高,土地不平会使灌水不均匀,危害作物,在进水口处要求有完善的防冲设施。在设计水平畦灌系统时,必须考虑土壤渗透性、水流速度、作物耐盐程度和供水量等。这种灌溉方法适用于各种作物和土壤条件,特别适用于透水性能较弱或中等的土壤。

43. 什么是细流沟灌、隔沟灌溉?

细流沟灌的灌水沟规格与一般沟灌相同,只是每条沟引入的流量小,一般控制在 0.1~0.5 升/秒,沟内水深不超过沟深的一半,沟中的水在流动过程中全部渗入土壤,放水停止后不积水。其优点是:沟内水浅,流动缓慢,主要借毛管作用浸润土壤,减少对土壤结构的破坏;由于沟内流量小、流速慢、土壤渗吸时间长,所以水渗得深,保墒时间也较长,可以减少地面蒸发量,试验证明,细流沟灌比淹水沟灌的蒸发损失量减少 2/3~3/4。为了使沿沟各点的土壤湿润均匀,开始放水时的流量要稍大些,以便使水流较快地到达沟尾附近,然后将入沟流量适当减少,使沟中水全部被土壤吸收。细流沟灌是一项比较细致的工作,必须根据具体情况正确掌握,这样才能取得应有的效果。这种方法适用于地面坡度大、土壤透水性中等的农田。

隔沟灌溉也是沟灌的一种形式,特点是采用隔沟灌水。隔沟灌溉的好处是灌水量小,一般亩次灌水量为 15~20 米^3,可减轻灌后遇雨对作物的不利影响,适用于缺水地区或必须采用小定额灌溉的季节,如棉花在幼苗期需水量小,可以采用隔沟灌溉。为了便于控制流量,可将 3~5 条灌水沟在沟首连通,从输水沟中引水放入沟内。为了提高灌水质量,减轻灌水劳动强度,常用短管、虹吸管或移动式带孔管道从输水沟向灌水沟内供水。

44. 什么是间歇灌溉?

间歇灌溉也称波涌灌溉,是沟(畦)灌溉方法的改进和发展,是间歇地、时断时续地向灌水沟(畦)放水以湿润土壤。灌水时,第一次放水至沟(畦)长的 1/3 或 1/2 处,暂停放水,然后再灌剩余的部分,一般采取几个灌水沟(畦)为一组,轮流间歇供水。第一次放水后沟底或畦面上土壤密实程度增加;第二次放水时,沟(畦)首部渗水量减少,水流速度增快,所以在灌水定额相同的情况下,波涌灌溉沟内水流的推进距离较普通沟灌法长 2~3 倍,沟首与沟尾渗水量相差较小,提高了灌水

的均匀度，根据测试，田间水利用系数可达0.8~0.9。据美国农业部农业研究局提供的试验资料，在某次试验中，实行播前灌溉，播后灌水6次，波涌灌溉比传统地面灌溉减少31%的灌水量，减少田间尾水的57%，减少64%的深层渗漏。波涌灌溉要靠安设在沟首前的可以间歇开关的供水阀门来实现，并可实行自动化管理。这种灌水技术在我国目前还处在试验阶段。

45. 盐碱地区进行灌溉应该注意哪些问题？

在半湿润和非盐碱地区，灌溉只是对作物需水的一种补充；而在干旱、半干旱的盐碱地区，灌溉还涉及对土壤中盐分的调节和管理问题，既要排除过多的盐分，又要预防过多盐分的积累。因此，在盐碱地区进行灌溉必须是补充水分与调节盐分的统一。盐碱地区灌溉中的水盐管理原则是在补充作物需水的同时，必须保证根层及下层土壤（1.0~1.5米厚）的水盐处于良好状况，既不影响作物的正常生长，又不致发生次生盐碱化过程。为此，在做好水源和水质管理的基础上，还要做好输水和灌溉管理。

（1）输水：输水设计和工程的落后，不仅造成水源在灌渠中的严重渗漏损失，而且还会造成土壤的次生盐碱化。所以在盐碱地区进行灌溉时，首先要注意搞好减少灌溉渗漏损失的管理工作。输水方式主要有明渠输水、暗渠输水和管道输水等三种。其中，明渠输水虽具有投资少、施工容易的优点，但也有渠中水面高出两侧地面、引水量大、过水时间长、水分渗漏损失严重、对土壤次生盐碱化威胁很大等缺点。暗渠输水的优点是输水快、渗漏少、不占地；缺点是投资大、输水断面和输水量较小，有条件的地区可通过渠道衬砌减少渗漏。管道输水特别是移动式地面管道输水，是20世纪80年代才发展起来的一种输水方式。由于它可以在地面移动，也可以从一个引水点搬移到另一个引水点，所以使用方便、投资省，但其管径较小，仅适用于井灌区。

（2）灌溉：为了给作物供应水分和淋洗盐分，要求灌入田间的水分能够比较均匀地进入土壤，以保证根据需要计算的灌水量能达到应有的效果,一定要讲究灌溉方式。常用的灌溉方式有漫灌、畦灌、沟灌、喷灌、滴灌和浸润灌等多种。

漫灌比较原始,用水量浪费太大,比常规灌水量多用数倍到一二十倍。随着人口增长,在水资源日趋不足的情况下,这种灌溉方式已逐渐被淘汰。

畦灌亦称淹灌,是目前主要的灌溉方式。它可根据农田表面地形情况起埂筑垄,建成畦田,逐块灌溉。既能较好地控制水层和水量,又能起到供水和淋盐的效果。但需注意不宜串灌,以免养分流失和引起土壤次生盐渍化。

沟灌多用于玉米、高粱等中耕性作物和甘薯、甜菜等垄作作物。在盐碱地区,沟灌具有沟下盐分淋洗较好而垄上盐分积累的再分配特点。为了避免或减轻这种不利的盐分再分配特点,宜实行中耕-垄作与平作作物轮作,沟灌与畦灌方式交换使用。

喷灌具有省水、灌溉均匀和受地形影响小等优点。但灌水量小,对盐分控制不利;投资大和一些技术问题,也影响其在盐碱地区的推广应用。

滴灌的优点与喷灌类似,特别适宜在水源较缺的果园中应用。利用滴灌可在每一棵果树的根区形成一个滴灌湿润带,地面则以松土、覆盖减少蒸发,因而效果较理想。

浸润灌是通过埋设于地下的渗水管以补充土壤亚表层的水分,其特点与滴灌相近。

46. 咸水能用来灌溉吗?应用咸水灌溉需注意哪些问题?

咸水灌溉是盐碱地区所特有的一种灌溉方式。这是因为盐碱地区的淡水严重不足,而又存在一些矿化度偏高的地上、地下或排水沟里排出的可供再利用的咸水而形成的。随着水资源相对量的减少以及耐盐作物的选育水平和灌溉技术的提高,咸水利用在我国北方盐碱地区将日益显示出其重要意义。

应用咸水进行灌溉需注意：

(1)如果具备一定条件并能够掌握咸水灌溉技术,矿化度在5克/升以下的微碱性咸水是可以用于灌溉,并取得一定增产效果的。应用矿化度在3克/升以下的咸水进行灌溉,增产效果十分明显,安全性也较大。应用矿化度为3~5克/升的咸水进行灌溉,也有明显的增产效果,但要注意因土壤质地、含盐量、肥力水平、作物种类及同一作物不同生育阶段而采取不同的灌溉方法,避免对当季和下茬作物产生不良影响,以及盐分在土表积聚。矿化度为5~7克/升的咸水仅限于在十分干旱缺水情况下灌溉1~2次,但要谨慎从事。

(2)应用咸水进行灌溉的地区或地块,首先要有良好的排水条件,使周年和多年的水盐动态保持脱盐趋势,这是保证咸水灌溉不致引起土壤盐化和持续增产的重要前提。此外,要注意观察咸水灌溉地区或地块的水盐动态,积极采用与淡水轮灌的办法。如有积盐趋势,可利用秋冬季河流弃水或其他淡水水源,适时进行大定额压盐灌溉或人工冲洗。

(3)咸水灌溉的"看水、看土、看庄稼"的"三看"诊断法,可以帮助我们判断在各种具体条件下,如何科学地进行咸水灌溉,如能不能灌,灌多少,灌后盐分状况如何,怎样才能取得良好、持续的增产效果等。一般情况下,要注意作物需水的关键时期、灌溉次数和灌水量。非盐化土壤和轻盐化土壤进行咸水灌溉时,尽量将土壤的盐分动态保持在"轻积型";中度盐化以上的土壤进行咸水灌溉时,须根据要求适当加大灌溉定额,将土壤盐分动态保持在"均衡型"或"淋滤型"。

(4)要取得咸水灌溉的成功,必须要平整土地,以减少和避免咸水灌溉后地面不平使盐分向局部高地转移,避免伤害作物和形成盐斑;而且还要加大施肥量,尤其是增施有机肥,以提高土壤肥力,显著削弱盐分对作物的危害。此外,咸水灌溉以后还要及时锄地,以减缓土壤水分蒸发和土壤溶液浓缩,充分发挥水分对作物的增产作用,避免或减少盐分对作物的不利影响。

(5)通过咸淡混灌,改善水质,是利用咸水进行灌溉的一种好办法。这种方法可使咸水的矿化度明显降低,从而大大提高咸水灌溉的安全性,扩大咸水的应用范围。目前,许多地方在开采地下水时广泛采用分层开采,深、中、浅井结合组成井组的做法,为咸淡混灌开辟了广阔的前景。在浅层咸水区,应当将咸淡混灌作为一种正式的灌溉方法和制度,自觉地用于生产实践,但是必须要有严格的技术要求和指导。

47. 盐碱地怎样进行人工冲洗?具体包括哪些内容?

在土壤中盐分含量过多,自然降水和常规灌溉又不能将多余盐分排除的情况下,可以人为地采用大定额水量进行冲洗,这是重盐碱地区经常采用的一项水盐管理技术,具体包括冲洗定额的确定和冲洗技术两个方面。

(1)冲洗定额的确定。

所谓冲洗定额,就是指在一定的盐碱条件下,要求达到一定脱盐标准所必需的用水量。冲洗后要求达到的标准有:①根据冲洗所种植作物的耐盐能力,确定冲洗后土壤含盐量必须达到的指标(S_2);②脱盐层厚度的指标(h)。

确定冲洗定额时需要考虑的冲洗前起始条件有:①排水条件;②盐碱类型;③计划冲洗层的起始含盐量(S_1);④计划冲洗层的起始含水量(m_1)。

计算中需要选用的参数有:计划冲洗层的土壤容重D(吨/米^3)、田间持水量F_c(干土重%)、排盐系数K(千克/米^3)、冲洗期可利用的自然降水量R(米^3/亩)和蒸发水量E(米^3/亩)。一般采用的冲洗定额Q计算公式为:

$$Q = (F_c - m_1)666.7hD + M + (E - R) \quad (3\text{-}2)$$

式中 $(F_c-m_1)666.7hD$——使计划冲洗层的起始含水量达到田间持水量时所需的用水量,米^3/亩,因为只有达到田间持水量以后才能有多余的水RGUW挟带盐分离开计划冲洗层向下转移。

M——冲洗层达到脱盐指标时所需的冲洗水量,其计算式为:

$$M = (S_1 - S_2)666.7hD/K \quad (3\text{-}3)$$

式中　K——排盐系数，它受土壤起始含盐量、易溶盐类型、排水条件和土壤质地的影响。

黄淮海地区沿海氯化物盐土的盐排水量 M 和黄淮海地区内陆硫酸盐盐土的盐排水量 M 分别见表3-3、表3-4。

表3-3　黄淮海地区沿海氯化物盐土的盐排水量 M

单位：米^3/亩

沟距/米	S_1/%								
	0.4	0.6	0.8	1.0	1.2	1.4	1.6	1.8	2.0
200	173	185	194	200	206	213	217	223	229
300	189	207	217	226	233	240	248	256	266
400	212	225	239	250	265	276	290	298	308
500	225	243	263	280	296	305	327	343	359
600	233	261	286	310	329	351	371	391	413

注：表中数值是按冲洗计划层1.0米计算；冲洗前土壤含盐量 S_1 以干土重%计；土壤容重按1.4吨/米^3 计；冲洗后的土壤含盐量（脱盐标准）$S_2=0.2\%$；土壤为轻壤土。

表3-4　黄淮海地区内陆硫酸盐盐土的盐排水量 M

单位：米^3/亩

S_1/%	0.45	0.50	0.55	0.60	0.70	0.80	0.90
M	117	170	209	243	298	346	390

注：表中数值是按冲洗计划层1.0米计算；冲洗前土壤含盐量 S_1 以干土重%计；土壤容重按1.4吨/米^3 计；冲洗后的土壤含盐量（脱盐标准）$S_2=0.4\%$；排水沟间距为300米；土壤为轻壤土。

（2）冲洗技术。

①冲洗时间的选择与冲洗效果及其巩固有很大关系。冲洗时间的确定首先取决于水源状况；其次要考虑到农事活动的安排、地下水位和气候条件。既要保证冲洗所需的水源、劳力和机具，也要避免和减少与作物生育期正常灌溉和农事活动之间的争水、争劳力、争机具等矛盾。从以上方面考虑，冲洗一般安排在秋收后—土壤封冻前进行。华北地区农民还有利用初冬时非盐化土先上冻、盐化土后上冻的时机进行冲洗，有很好的效果。

②冲洗效果与排水沟,特别是毛排沟的间距有密切关系。如果常规灌溉排水用的毛沟间距不能适应冲洗的需要,可设临时性毛排沟以缩小沟距。壤质土以50米左右为宜,砂质土以100米左右为宜。

③冲洗的田块大小取决于地形平整的情况。原则上一个冲洗田块内的地形高差不超过5厘米,以此考虑田块的大小和布置方式。对于冲洗田块内的局部高地,最好在冲洗前进行人工平整,以提高冲洗效果。冲洗田块的畦埂必须坚实和有足够的高度,保证不致因溃决而跑水、串畦,影响整个脱盐效果。

④为了提高土壤的入渗速度和溶解土壤中盐类的能力,冲洗前需结合耕翻和平整。

⑤一般采用分次冲洗的方法。冲洗水量的总额是很大的,水深可达40~55厘米。一次灌入不仅提高了畦埂的设计标准,也不符合土壤中水分和盐分的运动特点,降低了单位水量的脱盐效果。一般分作二次或三次灌入冲洗田块:头水以使计划冲洗土层达到或超过田间持水量为宜;二水要根据估计的盐量确定定额,使多数盐溶液能淋入下层和进入排沟;三水的定额一般较小。每次灌水要待上次灌水落干以后进行,水深控制在10~15厘米为宜。

⑥冲洗田块的放水顺序一般是先低处后高处,先含盐重的后含盐轻的,先近沟地后远沟地。

48. 灌水均匀有什么好处?怎样掌握灌水均匀?

农田灌水均匀,可避免局部地块积水或部分土地湿润不足的情况,使土壤湿润均匀,给作物生长发育创造良好的土壤水分环境,而且还有利于保持土壤结构和肥力,使作物生长整齐,成熟一致,实现增产的目的。同时,还可减少灌溉水的浪费,避免抬高地下水位,引起灌区土壤盐渍化和沼泽化,导致减产。

那么怎样使灌水均匀呢?首先,应平整好土地和筑好畦,这是保证灌水技术实施、灌水分布均匀的基础工作。土地平整程度与畦田规格大小直接关系到灌溉水能否均匀地湿润土壤,因此在灌水前必须做好

这一工作。其次，正确确定该畦口的成数，即当水流到距畦尾还有一定距离时，就封闭入水口，使畦内剩余水流向前继续流动，流至畦尾时，全部渗入土壤，以提高灌水的均匀度，防止畦尾积水和泄水，节约水量。畦口封闭时间应根据畦面坡度大小、畦长短、土壤透水性能的强弱、入畦流量大小来确定，通常采用沟畦内水流长度与畦长的比数作为畦口封闭时间的依据。根据群众多年的实践经验和试验，当畦面坡度大，土壤透水性较弱或入畦流量较大时，可以八成（水流抵达畦长的80%时）改畦，当畦面坡度小，土壤透水性能较强或入畦流量较小时，可按九成改畦。最后还应做好浇地时的组织管理工作，有专人负责输水沟安全输水，畦内灌水均匀，防止串畦，保证灌水质量。

49. 怎样知道向地块灌了多少水？

及时知道向地块灌了多少水，对计划用水和节约灌水量都很重要。一般有两种方法：一种是直接测得，即在地块的入口处安装量水设备，如量水堰、水表等，直接读出各时段的流量或过堰水深，从而计算出入口处的流量和进水量。另一种是间接计算求得，即在灌水前先测得待灌地段的土壤水分（分层测定），灌水后再测一次土壤水分，根据所测结果计算出灌前灌后灌水地段土壤水分的增加值，再乘以实灌面积，便可计算出地块的灌水量和每亩地灌了多少水。采用后一种方法，工作量大，比较烦琐，同时计算所得水量偏小，因未计入灌水时地面跑水和深层渗漏量。

50. 地面灌溉能实现自动化吗？

用明渠输配水和地面灌水方法（沟灌、畦灌、淹灌等）的灌溉系统，因控制对象多，而且分散，实现自动化较难。目前，地面灌溉系统仅实现半自动化，即部分操作是自动化，而一部分仍然是人工来完成。具体说来，就是输配水可实现自动化，田间灌水仍为手工操作。如水力自动控制闸门是根据闸门上下游水位差的变化而自动启闭；水动阀则是借助管道中的压力启闭。

四、低压管道输水灌溉技术

51. 什么叫低压管道输水灌溉?

低压管道输水灌溉简称"管灌",是近几年我国北方井灌区发展较快的一种节水工程形式。它是利用机泵抽取井水,通过管道系统把水直接输送到田间沟、畦灌溉农田,以减少水在输送过程中的渗漏和蒸发损失。当然这种方法也可以用于其他灌溉水源或利用水源位置较高时的自然落差而无须抽水。

低压管道输水是在低压条件下运行的,输水系统压力一般不超过0.2兆帕,能耗较喷灌、微灌低,但就其田间灌水技术仍属地面灌溉的范畴。

52. 低压管道输水灌溉系统由哪些部分组成?

低压管道输水灌溉系统由以下几部分组成,如图4-1所示。

(1)水源。可以利用井、泉、河渠、沟塘等水源,除有自然落差可实行自压管道输水外,一般需水泵和动力机提水加压。

(2)输水系统。由一级、二级或多级管道和管件(三通、弯头等)连接而成的输水管网。

(3)给配水装置。由地下输水管道伸出地面,向田间沟、畦配水的给水装置及配水管道。直接向田间临时毛沟或土垄沟配水的称出水口,可以连接地面移动管道或多孔闸管的称给水栓。

(4)安全保护装置。为了防止管道系统由于突然断电停机或其他

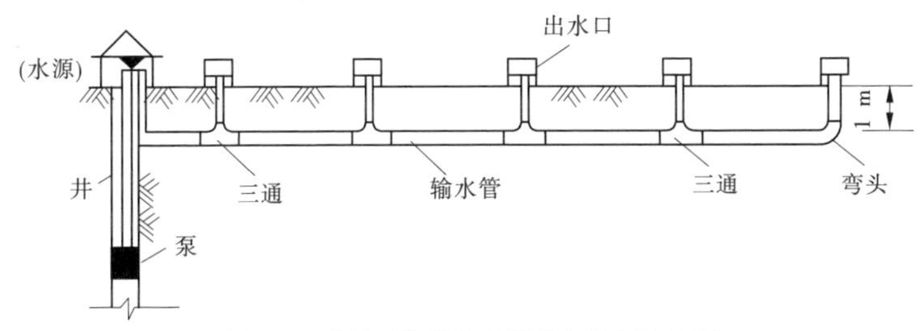

图 4-1　低压管道输水灌溉系统示意图

事故产生的水锤破坏,在管道系统的首部或适当位置,安装的调压、限压及进排气阀等装置。

(5)田间灌水设施。一般指与给水栓连接的地面移动软管和地面移动多孔闸管。

53. 低压管道输水灌溉系统有哪几种形式?

(1)固定式。地下输水管道固定,地面配水管道季节性固定,操作管理方便,但投资大,我国尚很少采用。

(2)半固定式。输水管道地埋固定,地面配水管道可在多个给水栓间轮换移动使用,投资较少,但操作管理费工,移动管道容易破损。

(3)管沟结合式。输水管道固定埋于地下,配水部分仍为田间临时毛渠或土垄沟,投资少,但毛渠或土垄沟尚有一定的渗漏损失。

(4)移动式。只有机泵和地面可移动的配水软管(俗称"小白龙"),水泵抽水直接进入"小白龙"灌溉农田,设备投资低,但移动软管容易老化损坏,操作管理不便。

54. 管道输水灌溉有哪些优点?

(1)省水。管道系统代替土渠输水可以减少输水过程中的渗漏和蒸发损失,使渠道水利用系数达到 0.95 以上,使每亩的毛灌水定额减少 30%左右。

(2)节能。管道输水比土渠输水要增加一定的能耗,但由于提高水的有效利用系数所减少的能耗，远大于因采用管道输水所增加的能耗，故一般可节能25%左右。

(3)减少土渠占地。由于地埋管道代替土渠输水，井灌区可减少占地2%左右，扬水站灌区可减少占地3%左右。

(4)管理方便，省时、省工。管道埋于地下，不易受人为破坏，便于机耕和养护管理，且因管中流速比土渠增大，灌溉省时、用工少，有利于提高灌水效率。

(5)增产增收。管道输水节约的水量，可用于扩大灌溉面积或提高作物灌溉的及时程度；节约的渠道占地，可扩大耕地面积。所以管灌普遍能增产增收。

管灌虽解决了输水损失问题，但因田间灌水方式改进不大，田间节水问题尚有待进一步解决。

55. 为什么说管道输水灌溉是我国北方地区发展节水灌溉的重要途径？

解决我国北方地区用水紧缺的基本途径不外乎开源和节流。从开源看，北方地区水资源开发程度已经很高，其中华北井灌区已高达83.5%，进一步开发当地水资源的潜力已经有限，而南水北调工程又不是近期能够实现的，且因用水成本高，更不能浪费。因此，就全局而言，必须全面开展节约用水，即缺水必须节流，开源也必须节流。

目前，国内外先进的节水灌溉技术有喷灌、滴灌和管道输水灌溉等，由于喷灌、滴灌一次性投资较大，耗能较多，管理技术也要求较高，在目前我国农村经济水平和经营体制条件下，大面积推广还有很大困难，而低压管道输水灌溉由于投资较少，仅为喷灌、滴灌的1/6~1/4，能耗低，技术易于掌握，操作管理方便，尤其在北方井灌区，由于缺水问题更为突出，深受农民欢迎。截至2020年底，我国管灌、喷灌、微灌面积达到3.5亿亩，为北方特别是华北井灌区农业的持续发展发挥了重要作用，实践已经充分证明，管灌是我国北方地区发展节水灌溉的重要途径之一，也是当前世界上许多国家发展灌溉和进行旧灌区技术改造的方向性措施。

56. 管灌系统布置应遵循哪些原则?

管灌系统的布置应遵循全面规划、合理布局、因地制宜、经济合理、管理方便的原则,具体要求如下:

(1)管网布置应按合理的畦田规格要求,力求单位面积管路长度最短,并做到管线平直,以达到低耗高效的目的。

(2)管道系统布置应尽量利用原有水利工程设施,并与道路、林带、排水、供电等系统相协调,避免互相交叉。

(3)支管(田间末级地埋管道)走向一般应与作物种植方向平行,并考虑地形坡度,尽量使干、支管道双向分水,以节省投资。

(4)出水口间距应与合理的沟、畦长度,现有生产体制相适应,使之便于管理,有利于轮灌,达到省水、节能的目的。

57. 常见的管网布置形式有哪几种?

根据水源位置、控制范围、地面坡度、作物种植方向等条件,常见的管网布置形式有以下几种:

(1)机井位于田块一侧,常用"一"字形、T 形和 L 形三种形式,如图 4-2~图 4-4 所示。

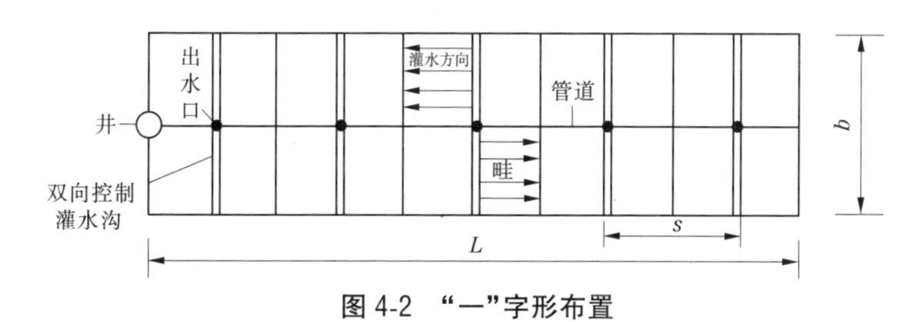

图 4-2 "一"字形布置

(2)机井位于田块中心,出水量为 40~60 米^3/时,控制面积为 100~150 亩,田块长宽比(L/b)≤2,常采用 H 形或环形布置,如图 4-5、图 4-6 所示;当 $L/b>2$ 时,可采用长"一"字形布置,如图 4-7 所示。

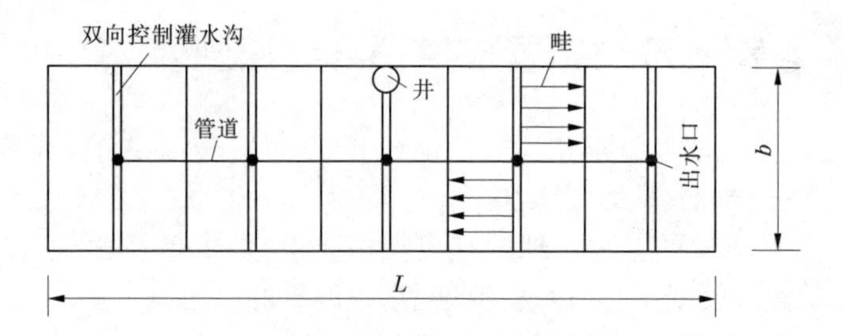

图 4-3　T 形布置

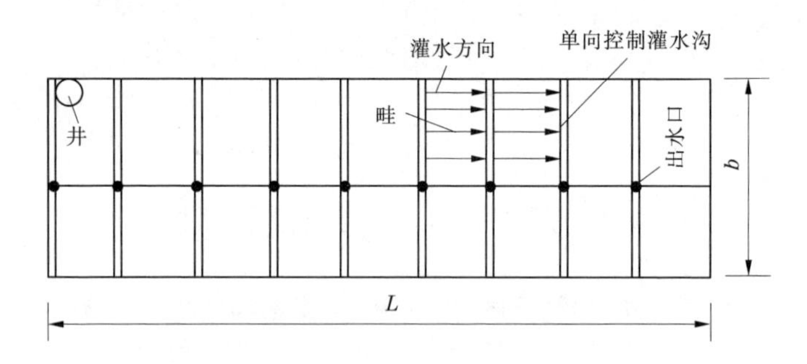

图 4-4　L 形布置

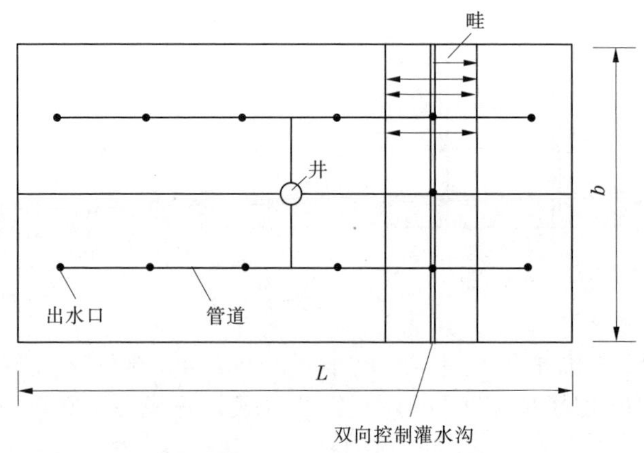

图 4-5　H 形布置

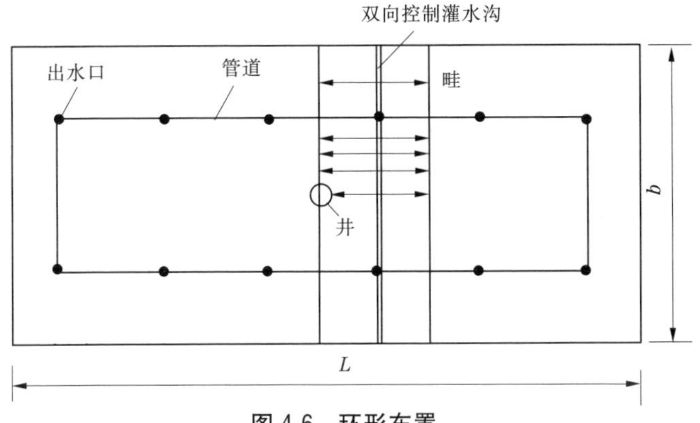

图 4-6　环形布置

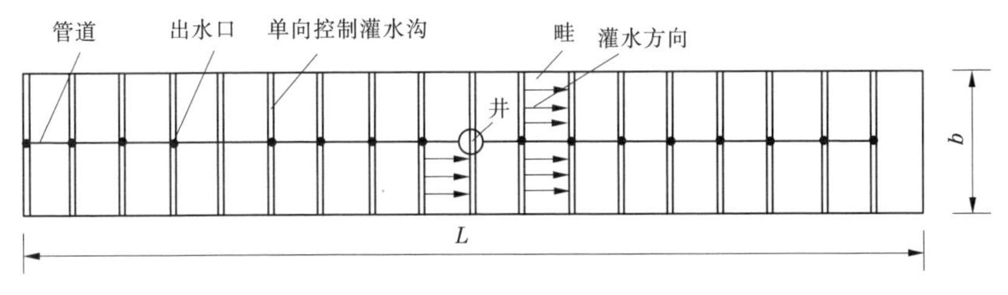

图 4-7　长"一"字形布置

(3)机井位于田块一侧,出水量为 60~100 米^3/时,控制面积为 150~300 亩,田块长宽比(L/b)≈1,可布置成梳齿形、鱼骨形或环状网形,如图 4-8~图 4-10 所示。

58. 管道的设计流量如何确定?

管道的设计流量一般是指管道系统需要通过的最大流量,它由水源流量、管网控制面积、作物的灌水定额及灌水周期等条件决定。

(1)灌水定额。指在一次灌水中,单位面积上应灌溉的水量。通常是把一定根层深度的土壤水分补充到田间最大持水量,作为计算灌水定额的依据。但为了减少深层渗漏损失,一般要求控制在每亩 40~60 米^3。

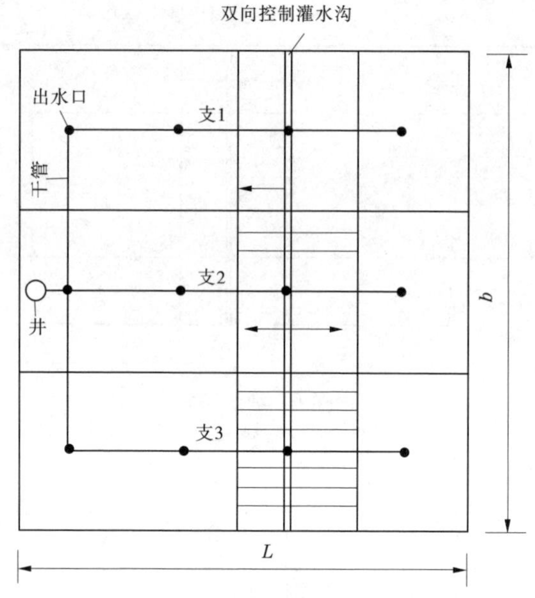

图 4-8　梳齿形布置

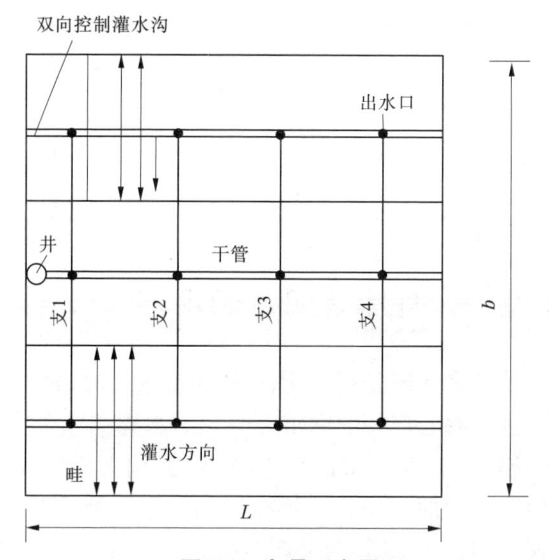

图 4-9　鱼骨形布置

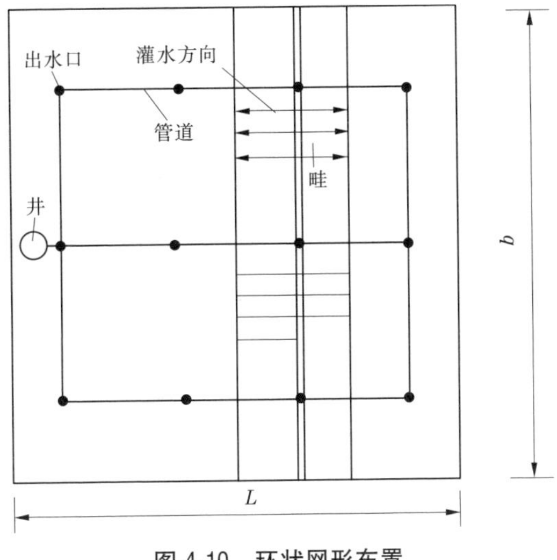

图 4-10　环状网形布置

（2）灌水周期。也称轮灌期，通常由作物需水高峰期，全系统灌溉一遍所需的昼夜连续工作天数确定。一般采用 5~10 天。

（3）管道设计流量。有了灌水定额和灌水周期，在管网控制面积不大的情况下，可按式（4-1）简单计算出管道设计流量 Q。对照水源流量，如不能满足要求，就必须减少灌水定额、延长周期或缩小灌溉面积，重新计算，直到管道设计流量与水源流量基本吻合。

$$Q = \frac{m \cdot A}{T \cdot t \cdot \eta_c} \tag{4-1}$$

式中　Q——管道设计流量，米^3/时；

m——设计灌水定额，米^3/亩；

A——管网系统控制面积，亩；

T——灌水周期，天；

t——每天灌水小时数，时；

η_c——管道输水利用系数，通常取 0.95~0.98。

59. 如何选择管径？

管道设计流量一定时，选用较大的管径，可降低流速，使水头损失减小，能耗降低，运行管理费用减少，但管道投资增大；反之，选用较小管径，投资减少，但管道流速增大，水头损失增加，能耗增大，运行管理费用提高。因此，选出一种投资与运行管理费用都比较少的管径，才是经济合理的。通常采用的比较简单的办法是：以经济流速计算需要的管径。

经济流速是根据基建投资、运行费用、运行安全、管材以及水压力等因素确定的，对于低压输水管道，可以从表4-1所列经验数据中选用，然后用式(4-2)计算出管道内径 d，再选择市场上销售的尺寸相近的标准管道。

表4-1　经济流速值　　单位：米/秒

管材	混凝土管	水泥砂管	塑料管	地面移动软管
经济流速	0.5~1.0	0.4~0.8	1.0~1.5	0.4~0.8

$$d = \sqrt{\frac{4Q}{\pi v}} \tag{4-2}$$

式中　Q——管道设计流量，米^3/秒；

v——管道经济流速，米/秒。

60. 如何计算管道的水头损失？

水在管道中流动，需要克服管壁对它产生的摩擦力和水分子相对运动所产生的阻力，因而要消耗一部分能量。水从管道一端流向另一端后，水压力降低就是能量损失的表现，也称为水头损失。

管道的水头损失有沿程水头损失和局部水头损失。

(1)沿程水头损失，即沿管道流动的水头损失。常用的硬质塑料管，多采用哈森-威廉斯公式计算：

$$h_f = 1.13 \times 10^9 \frac{L}{d^{4.871}} \left(\frac{Q}{C}\right)^{1.852} \tag{4-3}$$

式中　h_f——沿程水头损失，米；

L——管道长度，米；

d——管道内径，毫米；

Q——管道流量，米^3/时；

C——沿程摩阻系数，PVC、PE 等塑料管的沿程摩阻系数$C=150$。

对于混凝土管、钢管、铸铁管等，常采用谢才-曼宁公式计算：

$$h_f = 10.29n^2 \frac{LQ^2}{d^{5.33}} \tag{4-4}$$

式中 n——糙率，见表 4-2；

Q——管道流量，米^3/秒；

d——管道内径，米；

其他符号意义同前。

表 4-2 常见管道糙率值

管道种类	糙率
混凝土管、水泥砂管、水泥土管	0.012~0.014
内壁较粗糙的混凝土管	0.013~0.014
钢管、铸铁管	0.012~0.013

(2)局部水头损失，即阀门、三通、弯头、变径接头等管件形成的局部阻力所造成的水头损失。在精度要求不高时，可按沿程水头损失的10%估算全部局部水头损失的总和。

61. 在管网设计中如何选配机泵？

正确选择机泵，对于降低成本、节约能耗至关重要。低压管道输水灌溉系统机泵的选择，应满足以下要求：

(1)管网设计流量和所需扬程必须在水泵高效区范围内。

(2)水泵扬程应当是水源动水位到管网进口的高度与用水头(米)表示的管网设计工作压力之和。

(3)水泵吸水高度控制在 8 米以内时，应选用离心泵；水泵吸水高度超过 8 米时，应选用潜水电泵或深井泵。

(4)尽量选购机泵一体化或机泵已经组装配套的产品，同时必须选购国家规定的节能产品。

62. 低压管道输水灌溉用的管材有哪些？

管道在管灌系统中的投资占总投资的70%以上，合理选择管材对于降低投资、提高寿命、节约能源和减少运行管理费用均至关重要。可供选择的管材有以下几种：

（1）塑料管。具有质量轻、强度较高、内壁光滑、输水性能好、耐腐蚀、施工安装方便等优点。常用的塑料管材有以下几种：

①薄壁聚氯乙烯硬管。壁厚1.8~2.0毫米，外径有110毫米和160毫米两种，管长5~6米，直接套接，工作压力0.2~0.3兆帕。

②双壁波纹聚氯乙烯硬管。内壁光滑，外壁为瓦棱形，平均壁厚1.5~1.8毫米，外径有110毫米、160毫米、200毫米三种，管长6米，采用子母口承插连接、胶圈密封止水。工作压力0.2~0.3兆帕。

③线性低密度聚乙烯软管。壁厚0.2~0.7毫米，管径51~382毫米，工作压力0.05兆帕。

④锦纶塑料软管。管壁厚2~3毫米，管径一般在90毫米以下，工作压力0.2~0.3兆帕。

（2）混凝土预制管。利用水泥与当地砂、石、土等材料按一定配比由挤压制管机压制而成。管壁厚20~30毫米，内径150~300毫米，每节长1.0~1.5米，工作压力在0.1兆帕左右，造价低廉，但施工接头多，耐压不高。主要有下列几种：

①水泥砂土管。由水泥、砂和土三种材料制成，工作压力0.06~0.08兆帕。

②水泥砂管。由水泥、砂、石屑和粉煤灰制成，工作压力0.10~0.12兆帕。

③水泥土管。由水泥和土料制成，工作压力0.06~0.08兆帕。

④薄壁混凝土管。用水泥、砂、石屑，由混凝土制管机辊压而成，工作压力0.10~0.13兆帕。

（3）现场浇筑管。由铺管机在现场浇筑成型，内套塑料软管的混凝土管或水泥砂浆等，无接头，机械化程度高。管壁厚25~40毫米，管径110~300毫米，工作压力0.10~0.15兆帕。

63. 低压管道输水灌溉系统常用的给水装置有哪几种?

给水装置是地埋管道向地面供水的重要部件,通称为出水口或给水栓。要求结构简单、造价低廉、密封性能好、牢固耐用、出水流畅、水头损失小和便于保护,且操作管理方便。

国内目前使用的给水栓种类繁多,造型各异,一般可分为外力止水型、内力止水型、柱塞止水型等。

(1)外力止水型。即借助外力封闭管口,达到密封止水的目的。常用的有:①螺杆压盖型,如图 4-11 所示;②销杆压盖型,如图 4-12 所示;③弹簧销杆压盖型,如图 4-13 所示。

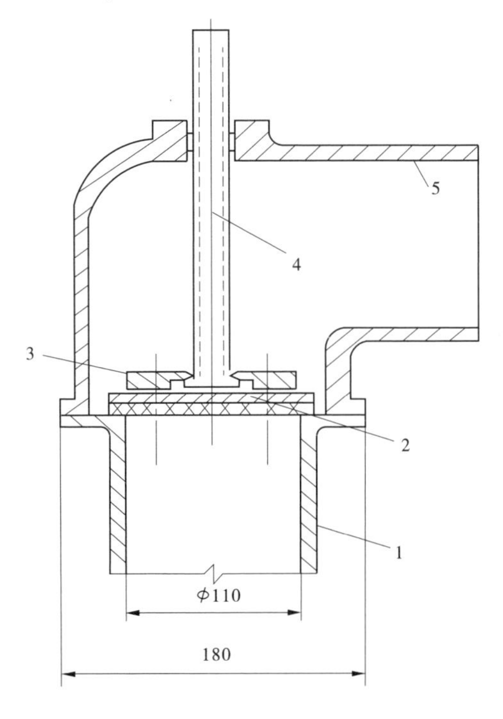

1—与管道三通立管插接的法兰盘管;2—压盖;3—半圆扣瓦; 4—螺杆;5—弯头外壳。

图 4-11 螺杆压盖型 (单位:毫米)

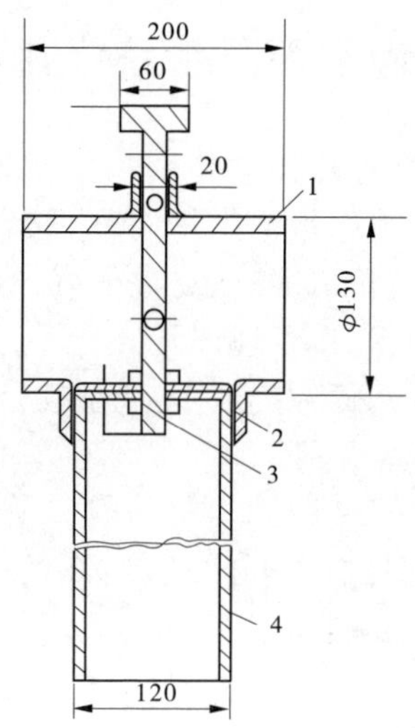

1—三通管；2—压盖；34—销杆；4—铸铁管。

图 4-12　销杆压盖型　（单位：毫米）

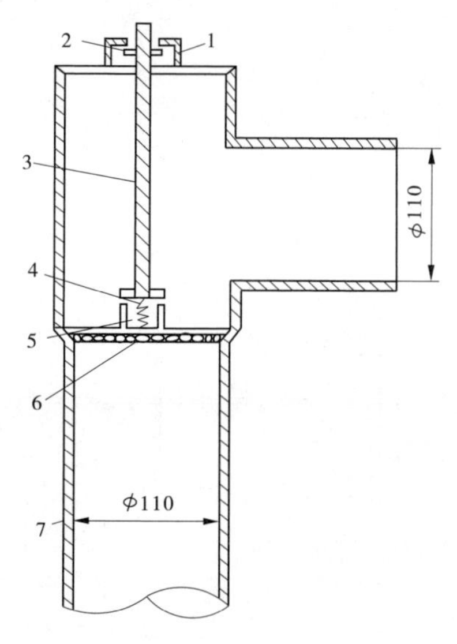

1—顶帽；2—卡棍；3—压杆；4—弹簧；5—凹槽；6—压盖；7—立管。

图 4-13　弹簧销杆压盖型　（单位：毫米）

(2)内力止水型。利用管道的内水压力封闭止水,压力越大,止水效果越好,并兼有排气和进气破坏真空功能。主要有:①浮球型(也称球阀型),由可移动的上栓体和固定的下栓体两部分组成,如图 4-14 所示;②浮塞型,由塑料注塑成型,分上栓体和下栓体两部分,如图 4-15 所示。

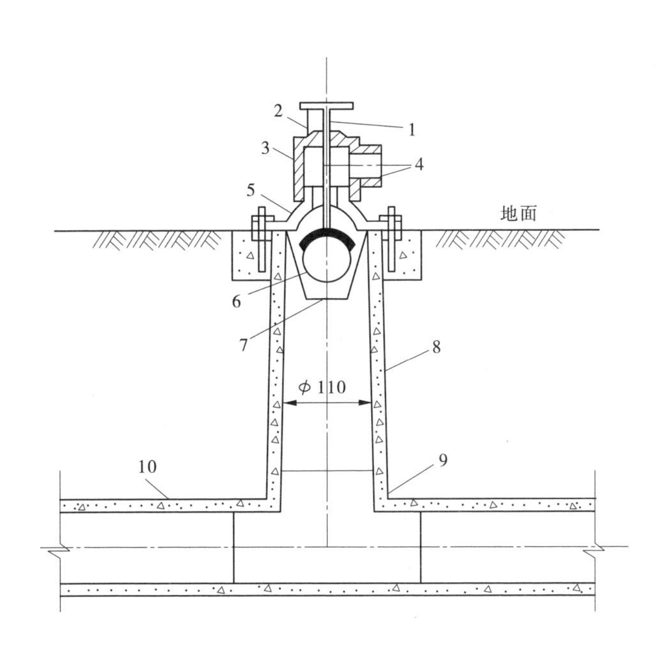

1—压杆;2—挂钩;3—上栓体;4—出水嘴; 5—下栓体;
6—橡胶球;7—钢筋;8—竖管;9—三通;10—输水管。

图 4-14 浮球型(球阀型) (单位:毫米)

(3)柱塞止水型。与柱塞自来水开关类似,由内、外径配合紧密的硬塑管套插而成。旋转或提起内管,使内、外管壁上的圆孔重合,即可出水,如图 4-16 所示。

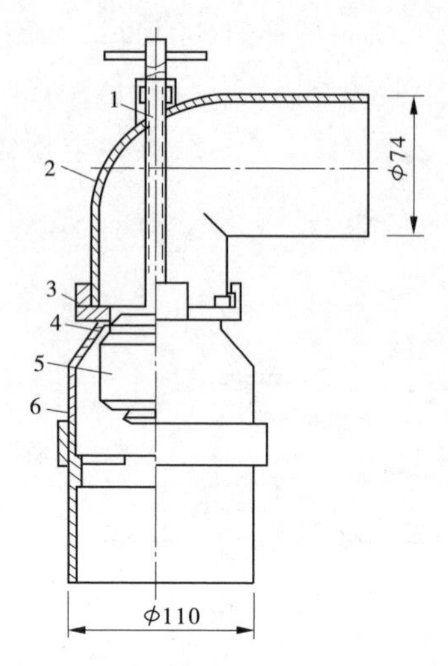

1—丝杆;2—上栓体;3、4—密封圈;5—浮塞;6—下栓体。

图 4-15 浮塞型 （单位:毫米）

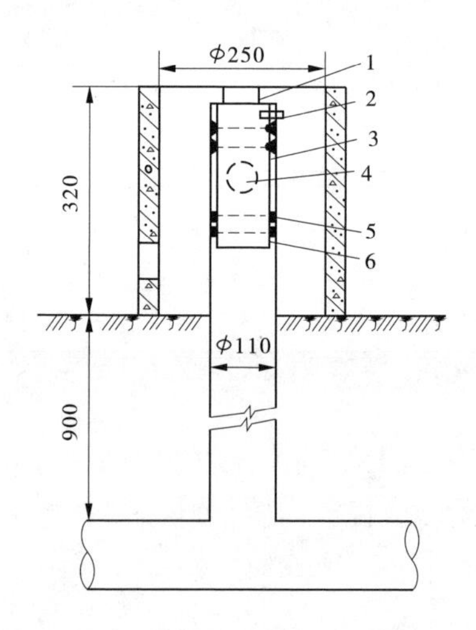

1—把手;2—销;3—内套管;4—圆孔;5—胶圈;6—外套管。

图 4-16 柱塞止水型 （单位:毫米）

64. 管网系统为什么需要安全保护装置?

在管网系统的运行过程中,往往由于突然断电停机或操作不当(如快速关闭闸阀,先开机泵、后开出水口等),致使管道系统压力瞬时增大或产生负压,引起管道爆裂或被大气压瘪。管道充水时,如不及时排出管道中的空气,会缩小管道的过水断面,造成局部压力过大,威胁管网的安全。因此,为了防止上述事故发生,确保管网安全运行,必须在管道系统中设置进气、排气或限压的安全保护装置。

在低压管道输水灌溉系统中,常用的安全保护装置有以下几种:

(1)调压池或调压管。修建在管网首部或最高处,顶端与大气接触,高度略大于管网的设计工作压力,利用其进排气和限压作用保护管网安全运行。

(2)球阀型保护装置。一般设在管网首部,利用球阀浮力解决管道进排气问题。

(3)平板进排气装置。利用活动平板无水压时靠自重下落、有水压时上移的机械作用,解决进排气的问题。

(4)单流门。依靠弹簧作用,解决管内出现负压时单向进气问题。

(5)排水阀。为了防止冬季冻胀破坏,必须在冬季前放空管道存水;自动排水阀还可在压力突然增高时,排水或排气降压。

65. 管道系统施工应注意哪些事项?

管道系统施工安装质量的优劣,直接影响工程的正常运行,关系工程的成败。施工时应注意严格掌握如下一些重要环节:

(1)必须一丝不苟地执行管道施工的有关规定。

(2)必须按设计要求的线路、位置、规格、型号等,安装布置各种管道、管件和设备。

(3)固定管道一般应安装在冻土层以下,并不得小于0.7米。

(4)固定管道安装应尽量平顺,并避免发生不均匀沉陷。

（5）固定管道基槽填土以前，必须按有关规定试水试压，以检查有无漏水、渗水现象。

66. 管道系统在运行管理中应注意哪些事项？

为了保证工程设备的完好和正常运行，充分发挥工程效益，必须把管道系统的运行管理工作置于重要位置，常抓不懈。

（1）专人管理。根据工程规模的大小和生产体制，配备专管人员，或建立必要的管理组织，实行管理责任制。

（2）制定管理制度。民主制定包括运行管理、用水管理、水费计收办法、设备维修保养等在内的规章制度，并严格执行。

（3）做好设备的维修养护。机井应设井台、井盖或井房，防止污染、淤塞和破坏；定期检查维修机泵，保证正常运行；经常检查管道、给水栓、安全装置及其他工程，发现漏水、损坏现象，应及时修理。

（4）正确操作。为防止压力瞬时骤增，破坏管道，水泵开机前应首先打开出水口，变换出水口应先开后关，严禁突然开启或突然关闭阀门和出水口，灌溉完毕应先停机后关出水口。

67. 地面移动软管输水灌溉有哪几种铺管方式？

地面移动软管（俗称"小白龙"）输水灌溉，一般采用一级软管直接配水到田间，其铺管方式有：

（1）顺畦铺管。畦田较长时，平行于作物种植方向在畦埂上铺设软管，软管顺水流方向逐节套接，灌溉时由远而近逐节退管，分段灌溉两侧畦田。

（2）垂直畦田铺管。畦田较短时，垂直畦田方向，沿灌水垄沟铺设软管，仍由远而近，每退管一次，灌溉相邻两个畦田。

塑料软管管壁薄、耐压低，容易磨损、扎破，使用中应注意：①软管要铺放平顺、不能扭曲，遇有杂草、碎石等尖硬物体应清除，严禁拖拉软管，以防扎破、磨损。②软管跨沟，应架托板支撑，跨路要挖沟填土保护，转弯要缓慢，切忌拐直弯。③软管出水口应铺设塑料布或苇席，以

防止冲刷。④软管用后,外部应清洗干净,将水放空,晾干后绕成卷,悬挂于室内阴干的地方保存。

68. 什么叫地面移动闸管?

地面移动闸管是接在给水栓上,通过闸管上许多可以控制的放水口,向沟、畦灌水的多口管道,每节闸管一般长 20~30 米,放水口间距 3~5 米,放水管长 0.5~1.0 米。根据所用管材、阀具的不同,闸管有两种形式:

(1)软管闸管。采用涂塑软管或涂胶布管做配水管,每节配水管之间可采用套接或快速接头连接。配水管上,每隔 3~5 米粘连一节放水管,放水管的开关采用捆扎或止水夹。

(2)硬管闸管。用双壁波纹塑料管或加胶圈承插的子母口薄壁塑料管作配水管,每 3~5 米套接一蝶阀,蝶阀出口接 0.5~1.0 米长放水软管。

69. 什么叫压力?什么叫水头?它们有何关系?

(1)压力。即单位面积上的作用力,也称压强,其计算公式为:

$$P = F/A \tag{4-5}$$

式中 P——压力或压强;

F——作用力;

A——面积。

压力的计量单位为帕斯卡,简称帕,其符号为 Pa。帕是 1 牛顿力均匀而垂直作用于 1 平方米面积上所产生的压力,即

$$1\ \text{Pa}=1\ 牛顿/米^2$$

由于帕这个单位偏小,因此常用千帕(kPa)、兆帕(MPa)作为计量单位。根据需要,压力也可用牛/厘米^2、牛/米^2 表示。

(2)水头。也称压力水头,为液体某点压强 P 与液体容重 r 之比,即 P/r。常以测压管中水面至被测点的垂直距离 h,即测压管高度表示,通称为水头,单位为米或厘米。在水利工程的计算中,通常令大气

压力等于 10 000 千克/米^2(1 千克/厘米^2),叫作一个工程气压,它等于 10 米水头所造成的压力。

其关系为:

1 个大气压力 = 1 千克/厘米^2 = 10 米水柱 = 9.8×10^4 帕 = 0.098 兆帕

70. 什么叫工作水头?什么叫扬程?

(1)工作水头。即满足整个管网系统正常工作所需要的压力。为了能使全系统正常工作,管网设计工作水头应能满足最远(或最高点)处出水口的压力需要。

(2)扬程。通常指水泵的总扬程,即单位重量的水从水泵进口到水泵出口所增加的总能量,单位为米。水泵的总扬程为净扬程加上损失扬程。在管网系统设计中,要求水泵的总扬程为水源动水位到管网进口的扬程与管网设计工作水头之和。

五、喷灌技术

71. 什么叫喷灌?

喷灌是喷洒灌溉的简称,它是利用专门的设备(动力机、水泵、管道等)把水加压,或利用水的自然落差将有压水送到喷灌地段,通过喷洒器(喷头)喷射到空中散成细小的水滴,均匀地散布在田间进行灌溉的一种灌水方法。

喷灌和地面灌水方法相比,具有节约用水、节约劳力、少占耕地、提高产量、对地形和土质的适应性强、能保持水土等优点。因此,它被广泛用于灌溉蔬菜和园林草地以及各种农作物。由于喷灌的经济效益显著,在世界上已得到广泛应用,我国也已进行大面积推广。但喷灌也有一定的局限性,如受风的影响大,在风大时不易喷洒均匀,以及比一般地面灌水技术投资要高。

72. 喷灌为什么能节水增产?

喷灌可以根据作物需水的要求,适时适量地灌水,一般不产生深层渗漏和地面径流。喷灌后地面湿润比较均匀,均匀度可达0.8~0.9,而且喷灌常用管道输水,输水损失很小,灌溉水利用系数可达0.72~0.93,比明渠输水的地面灌溉省水30%~50%,在透水性强、保水能力差的土地,如沙质土,省水可达70%以上。由于喷灌可以采用较小的灌水定额进行浅浇勤灌,因此能严格控制土壤水分,保持肥力,保护土壤表层的团粒结构,促进作物根系在浅层发育,充分利用土壤表层肥分。喷灌还可以调节田间小气候,增加近地表层空气湿度,在天热季节起到凉爽作用,而且能冲掉作物茎叶上的尘土,有利于作物的呼吸作用和光合作用。因此,有明显的增产效果。多年大面积应用表明,与地面灌溉相比,喷灌粮食作物增产 10%~30%,喷灌经济作物增产 20%~30%,喷灌果树增产 15%~20%,喷灌蔬菜增产 1~2 倍。

73. 喷灌有哪些主要技术要求?

为了达到省水增产的目的,喷灌必须保证有较高的灌水质量,达到一定的技术要求,其衡量指标主要有喷灌强度、喷灌均匀度及水滴打击强度。

(1)喷灌强度。是指单位时间内喷洒在灌溉土地上的水深,常以毫米/分或毫米/时为单位来表示。一般要求喷灌强度在一定面积上的平均值与土壤透水性能相适应,并使喷灌强度小于土壤的入渗速度,这样喷洒到土壤表面的水才能及时地渗入土壤中,不会在地表产生积水和径流。

(2)喷灌均匀度。是喷灌面积上水量分布的均匀程度,常用喷灌均匀度系数 C_u 表示。它与喷头结构、工作压力、喷头组合形式、喷头转速的均匀性、竖管的倾斜度、地面坡度和风速风向等因素有关。因此,要提高喷灌均匀度,除选用性能优良的喷灌设备外,必须正确掌握使用喷灌技术,一般要求喷灌均匀度系数 C_u 值不低于 70%。

(3)水滴打击强度。是指单位喷灌面积内喷头喷洒的水滴对土壤或作物的打击力。它与喷头喷洒出来的水滴质量、降落速度和密度有关,常以水滴直径的大小来表示。水滴直径大,一般水滴打击强度也大,水滴过大容易破坏土壤表层的团粒结构和造成板结,还会打伤作物的幼苗,或把土溅到作物叶面上影响作物生长发育。水滴过小在空中蒸发损失大,受风影响也大。一般要求喷头喷洒最远处水滴平均直径为 1~3 毫米。

74. 哪些地方发展喷灌效果最好？

喷灌几乎适用于灌溉所有的旱作物，例如谷物、蔬菜、果树、食用菌、药材等，既适用于平原也适用于山区，既适用于透水性强的土壤也适用于透水性弱的土壤。不仅可以灌溉农作物，也可以灌溉园林草地、花卉，还可以用来喷洒肥料、农药，防霜冻、防暑降温和防尘等。但为了更充分地发挥喷灌的作用，取得更好的效果，应优先应用于以下几方面：

（1）当地有较充足的资金来源，且经济效益较高、连片、集中管理的作物。

（2）地形起伏大或坡度较陡，土壤透水性较强，采用地面灌溉比较困难的地方。

（3）灌溉水源不足或高扬程灌区。

（4）需要调节田间小气候的作物，包括防干热风或防霜冻。

（5）劳力紧张或从事非农业劳动人数较多的地区。

（6）水源有足够的落差，适宜修建自压喷灌的地方。

（7）不属于多风地区或灌溉季节风较小的地区。

75. 什么叫喷灌系统？有哪几种形式？

喷灌系统是指为实现灌溉而修建或装设的构筑物、机械、设备的总称，一般包括水源工程、动力机、水泵、各种管道、喷头及控制设备等。喷灌系统分固定式、半固定式和移动式三种。

（1）固定式喷灌系统。系统各组成部分在整个灌溉季节中（甚至长年）都是固定不动的，或除喷头外，其他部分固定不动。

（2）半固定式喷灌系统。除喷头和装有许多喷头的管道——支管可在地面移动外，其余部分均固定不动，支管与干管常用给水栓快速连接。

（3）移动式喷灌系统。除水源工程（塘、井、渠道等）固定外，动力机、水泵、管道、喷头都可移动。

固定式喷灌系统操作方便,生产效率高,占地少,易于实现自控和遥控作业,但建设投资较高,适合蔬菜和经济作物地区采用。移动式喷灌系统结构简单,投资较低,使用灵活,设备利用率高,但移动时劳动强度较大,路渠占地较多,运行费用相对较高,比较适用于抗旱灌溉的地区。半固定式喷灌系统的特点介于上述两者之间,应当是提倡发展的主要喷灌形式。

76. 什么是自压喷灌?

当水源位置在灌区的上方,且来水流量和自然落差形成的水头压力均可满足喷灌的要求时,水源不需水泵加压,便可直接向压力管道供水进行喷灌,这种喷灌形式就叫自压喷灌。自压喷灌的投资比机压喷灌要小,最大的优点是不需能源运行费用,因此是山区最适宜发展的喷灌形式。

77. 什么是恒压喷灌?

恒压喷灌是在喷灌系统的泵站内装设一套调压系统,可以根据灌区不断变化的实际灌溉用水量,自动调节泵站内水泵的运行台数,使泵站的供水量始终与实际喷水量相适应,从而使喷灌系统在一个恒定的压力范围内运行。恒压喷灌具有节能、节水、管道设备不易因超压受破坏以及喷洒质量好的优点,国外已大量采用,但在我国才刚开始应用。由于修建这种形式的喷灌系统,投资相对较大,技术水平较高,对操作管理人员要求较严,因此一般应用于较大型的喷灌系统,并在选用时,应对其必要性进行充分论证。

78. 怎样进行喷灌系统的规划设计?

修建喷灌系统,首先要进行规划设计,对于大型的喷灌系统(万亩以上)应分为可行性报告、规划和设计三个阶段进行。由于我国当前的喷灌系统规模较小(多为千亩以下),可简化为可行性报告和规划设计两个阶段。

(1)可行性报告。是对拟建喷灌工程的必要性和可行性进行论证,为是否修建提供决策依据。主要包括以下内容:①项目的背景;②灌区的种类;③喷灌工程概况;④工程的财务效益分析;⑤主要的技术经济指标分析。

(2)规划设计。是一个反复调查计算与论证的过程,一般按以下步骤进行:①喷灌地区的勘测调查,收集地形地理、气象、土壤、水文、农作、动力机械、行政区域、经济规划等有关资料;②喷灌系统选型;③灌溉制度和灌溉用水量的计算;④水源分析及水源工程规划;⑤喷头选型及喷头组合形式的选定;⑥管材选择;⑦管网的布置;⑧制定工作制度;⑨管道水力学计算;⑩水泵与动力选配;⑪管道系统的结构设计;⑫泵站设计;⑬材料明细表和工程概算;⑭效益及经济指标计算;⑮施工安排及运行管理要求;⑯绘制系统设计图。

喷灌系统的规划设计是一项专门的技术工作,特别是大型喷灌系统的规划设计,需要掌握专门的知识和具有丰富的经验,因此喷灌系统的规划设计一般应由专门的设计部门进行。

79. 喷头的作用是什么?有几种形式?

喷头的作用是将有压的集中水流喷射到空中,散成细小的水滴并均匀散布在灌溉面积上。喷头的结构形式及其制造质量的好坏,直接影响喷灌质量和各项技术指标。喷头的种类很多,按工作压力的大小划分为低压、中压和高压三种喷头;按射程的远近划分为近射程、中射程和远射程三种喷头;按结构形式和水流形状划分为旋转式、固定式和孔管式三种喷头。目前,应用得最多的是中射程喷头,因为它消耗的功率较小,且比较容易得到较好的喷灌质量。

(1)旋转式喷头。是目前使用最普遍的喷头形式,一般由喷嘴、喷管、粉碎机构、转动机构、扇形机构、弯头、空心轴、轴套等部分组成。常用的形式有摇臂式、叶轮式、反作用式三种,也可分为全圆转动和扇形转动两大类。摇臂式喷头是当前应用最广泛的一种旋转式喷头,多用于中远射程喷灌,也用于近射程喷灌。

(2)固定式喷头。又称为漫射式喷头或散水式喷头。其特点是在喷灌过程中,所有部件相对于竖管是固定不动的,而水流在全圆周或部分圆周同时向周围散开。一般可分为折射式、缝隙式和离心式三类,常用于公园、草地、苗圃和温室大棚,是低压近射程喷头的主要形式。

(3)孔管式喷头。由一根或几根较小直径的管子组成,在管子的顶部分布有一些小喷水孔,根据喷水孔分布形式,又可分为单列孔管和多列孔管两种,主要用于蔬菜地及苗圃的灌溉,适于小面积矩形地块和低压条件下采用。

80. 我国生产的摇臂式喷头主要有哪些?如何选用?

我国生产应用最多的摇臂式喷头有 PY_1 系列、PY_2 系列、PY_S 系列和中喷系列。PY_1 系列是金属摇臂式喷头,有不同进水口直径的五个型号,其工作压力为 300~500 千帕,喷水量为 2.36~48.6 米^3/时,射程为 19~51.1 米;PY_2 系列也是金属喷头,有不同进水口直径的六个型号;PY_S 系列是塑料喷头,分单喷嘴和双喷嘴两种,共有四个型号;中喷系列是金属喷头,是引进国外先进技术生产的、属我国当前质量最好的喷头,现生产有中喷 1 号(ZY_1)和中喷 2 号(ZY_2)两种。这些喷头的详细性能参数可查阅生产厂家提供的性能表。

摇臂式喷头受振动后会转动不正常,甚至不转动,故不宜直接安装在手扶拖拉机或动力机上使用。

81. 喷灌用泵有哪几种?如何选用喷灌泵?

喷灌用泵可分为供水泵与加压泵两种:前者是当水源来水量或位置高程不能满足灌溉取水要求时,用来供水的水泵;后者是用来给喷灌水增加压力,使喷头获得必要工作压力的水泵。对于控制面积较小的喷灌系统,通常供水泵和加压泵是合一的。

离心泵具有流量小、扬程高的特点,特别适合喷灌加压,是喷灌系统使用最普遍的一种水泵。大型喷灌系统也有用轴流泵、混流泵供水,

用离心泵加压的。在井灌区，常采用深井泵或潜水电泵供水和加压。对于轻小型喷灌机，由于喷灌作业时需经常移动，水泵启动比较频繁，因此常采用单吸单级离心泵加自吸装置或自吸泵，这时水泵的吸水管不需装底阀。喷灌泵的自吸装置形式很多，使用最普遍的是手压泵，自吸泵在第一次充水启动后，停机再启动也不需向水泵再充水，操作很方便。

喷灌泵根据喷灌所需提供的流量和压力来选用，通常需要经过地形测量，从喷头必需的工作压力算起，加上输水管路的水头损失，并增加或减去从水源到喷头处的地形高差来计算水泵的扬程；根据灌溉面积和灌溉制度以及轮灌方式来计算水泵的供水量，然后选择与计算流量和扬程相等或稍大、效率较高的水泵作为喷灌泵。

82. 喷灌常用的动力机有哪几种？如何选用？

喷灌用动力机除主要与喷灌用泵配套使用外，还用于行走式喷灌机的驱动行走及各类自控、遥控装置的驱动，所采用的动力机种类也很多，但以电动机和柴油机最为广泛，也有少数采用拖拉机和汽油机的。

使用电动机的优点是：操作简单、工作可靠、体积小、重量轻、使用寿命长、维修费用低。但其需安装输变电设备和架设田间低压电网，并要有可靠的电力供应保证。因此，在电源充足，特别是在灌溉季节电力能满足供应的地区，可优先选用电动机作为喷灌的动力。

使用柴油机的优点是：机动灵活，不受电源和使用地点的限制，技术较普及，维修比较容易。但其结构比较复杂且笨重，需要经常维修和保养，而且浇地费用比电力贵。因此，柴油机主要用于没有电源或电源的电力供应不可靠的地区，以及在喷灌系统需要经常移动（如轻小型移动式喷灌机）的情况下，作为喷灌的动力。

在选用动力机时，应使动力机的功率略大于计算的配套功率，但也不可过大，以避免出现“大马拉小车”的不合理现象。

83. 喷灌用管道有哪些？如何选用？

按照使用条件可将喷灌用管道分成以下两大类：

（1）固定管道。在灌溉季节中，甚至常年不移动的管道，多数是埋在地下。属于这类管道的有：塑料管、钢筋混凝土管、铸铁管和钢管。

（2）移动管道。在灌溉季节中经常移动的管道。属于这类管道的有三种：第一种是软管，用完后可以卷起来移动或收藏，常用的软管有麻布水龙带、锦塑软管、维塑软管等；第二种是半软管，这种管子在放空后横断面基本保持圆形，也可以卷成盘状，常用半软管有胶管、高压聚乙烯软管等；第三种是硬管，为了便于移动，每节管子不能太长，因此需要用快速接头连接，常用硬管有薄壁铝合金管和镀锌薄壁钢管等。

喷灌管道的选用，应首先根据使用的目的是作为固定管道还是移动管道，是在什么条件下工作等情况，来选择采用哪种类型的管道。如轻小型移动喷灌机常用软管来作为移动管道，卷盘式喷灌机用半软管作为移动管道，移动式喷灌系统的管道或半固定式喷灌系统的地面移动管道，常用薄壁铝合金管和镀锌薄壁钢管，而固定式喷灌系统或半固定式喷灌系统的地埋管道，一般采用钢筋混凝土管、硬塑料管、铸铁管、钢管。当确定采用管道的类型后，便要通过专门的水力计算来选择管道的直径和需要的工作压力，最后按照生产厂家提供的该类管道的性能表，选择采用等于或略大于计算所需直径和工作压力的管道。

84. 喷灌用管道接头有哪些？怎样选用？

固定式管道中，硬塑料管的刚性接头有丝扣连接、法兰连接、黏接和焊接等，柔性接头有铸铁或塑料套管橡皮圈止水的承插式接头。钢筋混凝土管一般有承插口，刚性接头用膨胀性填料止水，柔性接头则用圆形橡胶圈止水。铸铁管一般有承插口或法兰，承插式铸铁管用灌铅或膨胀性填料止水；钢管一般用焊接、螺纹接头或法兰接头连接；移动式管道主要用快速接头连接，用于软管的多为旋扣式快速接头连接，用于薄壁铝合金管和镀锌薄壁钢管的有杠杆紧扣式、搭扣式、弹簧销紧

式、暗销式和偏心扣式快速接头等。

同一种管道，可供选择的接头形式也有多种，因此到底采用哪一种接头应主要根据使用条件来确定。对于地埋管道，如果管沟地基比较松软，则应采用柔性接头；考虑温度应力的影响，如采用刚性接头，则应每隔一定距离(20~30 米)设置伸缩接头。对于地面移动硬管，地形起伏大的地方，应采用偏转角度大的接头，如杠杆紧扣式快速接头，其最大偏转角可达 30 度，即下一截管子接上后可以与直线最大呈 30 度夹角。

85. 喷灌用管道附件有哪些？各有什么用途？

管道附件可分为两大类：一是控制件，二是连接件。控制件的作用是根据灌溉的需要来控制管道系统中水的流量和压力，如阀门、压力调节器、空气阀等。连接件的作用是根据需要将管道连接成一定形状的管网，也称管件，如弯头、三融四通、异径管、堵头等。喷灌系统常在水泵出口的逆止阀后或较大的阀门前设置安全阀，以消除因突然停电或关阀太快引起的管内压力突然升高(水锤)，防止发生管道破裂事故。在管道系统的最高位置或隆起的顶部，应装设空气阀，以排除管道系统在充水或喷灌过程中积聚在此处的空气。

86. 喷灌管网有哪几种布置形式？适用于什么范围？

喷灌管网是指修建喷灌系统时埋设在地下的输水管道，因呈纵横相交的网络状，故称作管网。喷灌管网有以下三种布置形式：

(1)树状管网。根据地形及水源位置的不同，按其形状又可分为“丰”字形、“梳子”形和“树杈”形，是我国目前喷灌系统管道布置中应用最多、最普遍的一种形式。

(2)环状管网。管网呈闭合的环状，或由许多闭合环组成，故又称闭路网。其优点是，当某一方向的管道出现事故，可由另一方向的管道继续供水。但因计算比较复杂，管材用量相对较多，故目前在喷灌系统中采用还很少。

(3)混合式管网。在一个喷灌系统内,骨干管网用树状管网,局部地块采用环状管网。适用于从整体上必须采用树状管网,而其中局部地形又适合采用环状管网的情况,一般应用于较大型固定式或半固定式喷灌系统。

87. 什么叫喷灌机？有几种类型？

喷灌机是自成体系,能独立在田间移动喷灌的机械,一般由动力机、水泵、管道系统、支承系统、行走系统和喷头组成。常见的喷灌机可以分为单喷头喷灌机、人工移动管道式喷灌机、卷盘式喷灌机、双悬臂式喷灌机、纵拖式喷灌机、滚移式喷灌机、时针式喷灌机和平移式喷灌机等。按规模大小,可分为小型喷灌机、中型喷灌机和大型喷灌机。由于轻小型喷灌机价格较低、机动灵活、适应性较强,是当前我国农村使用最广泛的一种喷灌机,主要用于非经常性的抗旱灌溉。所用柴油机或电动机和水泵一般组装在手推车上,靠人工移动,也有靠自身动力自动行走。管道可用硬管、半软管或软管,管端装有快速接头,可以在田间快速铺设和拆装,常以单喷头喷洒方式灌溉,但随着薄壁金属管道的应用,多喷头同时喷洒灌溉也迅速发展起来。大型喷灌机如时针式喷灌机和平移式喷灌机,生产效率和自动化程度高,但设备投资大并要求有较高的管理水平,一般适用于大型农场。

88. 什么是时针式喷灌机？

时针式喷灌机是将装有多个喷头的喷灌管道支承在间距为 25~70 米、依靠电力或水力自动行走的许多塔架上,工作时喷灌管道像时针一样围绕中心点水源(又称中心支轴)旋转的喷灌机械,故又称中心支轴式喷灌机。喷灌时,安装在管道上的喷头随管道旋转一周可灌溉一个半径略大于喷灌管道长度的圆形面积。常用的喷灌管道长度为 400~500 米,转一圈的时间可在 2~20 天范围内调整,可灌溉面积 800~1 000 亩。由于灌溉面积为圆形,各个圆形灌溉面积之间将有少部分

地角灌不到水,可以采用其他灌溉方式解决,也可在时针式喷灌机喷灌管道的末端装置带喷头的角臂,当运行到地角时,自动伸出角臂喷灌地角。

89. 什么是平移式喷灌机?

平移式喷灌机是在时针式喷灌机的基础上发展起来的一种喷灌机型,它的喷灌管道和时针式喷灌机一样,也是支承在若干个可以自动行走的塔架上,但是塔架不绕某一中心旋转,而是自动平行移动,使喷灌管道做侧向平移,一边行走一边喷灌。其喷灌面积是一个矩形,有利于充分利用耕地和提高喷灌均匀度。但喷灌到地头时,若能自动转移到水源的另一侧,则需装设复杂的机构;若不转移地块,又必须空程回驶到灌溉起始位置;水源配置也比较麻烦,所以这种喷灌机不如时针式喷灌机应用广泛。

90. 什么是滚移式喷灌机?

滚移式喷灌机的喷灌管道支承在直径为 1~2 米的许多大轮子上,以管道本身作轮轴,轮距一般为 6~12 米,管道的一端与水源相接,管子上的喷头都带有平衡锤,使喷头始终保持与地面垂直。在一个位置上喷完后,由两人利用专门的杠杆或小发动机,使喷灌管道滚移到下一个位置再喷。滚移式喷灌机结构简单,移动时劳动强度低,但不适宜喷灌高秆作物,且不宜在坡度较大或地形复杂的地方使用。

91. 什么是卷盘式喷灌机?

卷盘式喷灌机是一种单喷头式喷灌机,喷头装在一条 100~200 米长半软管一端的小车上,半软管的另一端缠绕在卷盘上,并向喷头供水,卷盘可在喷灌时自动旋转收回管道,边收边喷,喷头做扇形转动,管道收完,喷灌结束,在管道两侧形成一个大致为长方形的喷灌地段。卷盘式喷灌机按喷头的牵引方式可分为管道牵引式和钢索牵引式两种,牵引和抽水均由拖拉机提供动力。卷盘式喷灌机工作稳定可靠、操作简单、管理方便、工作半自动化、效率较高,可以适应各种形状和地形的地块,国外多用于草原灌溉。但其工作压力高,能耗大,受风影响大。

92. 为什么小型喷灌机在我国农村发展较快?

小型喷灌机是目前我国生产量最多的一种喷灌机,分为单喷头喷灌机和多喷头喷灌机两种。由于小型喷灌机结构简单,容易制造,价格较低,且机动灵活,便于移动,操作简便,不喷灌时其动力还可作他用,特别适用于抗旱灌溉,比较适合于我国农村目前的经济和农业生产水平。在黄淮海地区的南部,年降水量七八百毫米,一般年份只需抗旱灌溉一两次即可获得较好收成,因此在农村地区小型喷灌机使用得最多。

93. 怎样计算一台喷灌机能浇多少地?

一台喷灌机能浇多少地,是指一台喷灌机在作物需水盛期轮灌一次的面积。实际上由于喷灌机的性能不同,各地的作物、土壤、气候条件不同,拟定的灌水定额、轮灌周期、工作时间也不同。因此,对于不同的作物、不同的地方,每台喷灌机控制的喷灌面积也就不同。在一般情况下可按下式计算:

$$F=\frac{QTH}{M} \tag{5-1}$$

式中 F——喷灌机控制面积,亩;

Q——喷灌机的喷水流量,米^3/时;

T——设计灌水周期,天;

H——每日工作时间,时,不同的喷灌机每日最少工作时间也不同,小型喷灌机可取 $H>8$,大型喷灌机可取 $H>16$;

M——设计灌水定额,米^3/亩,即作物耗水最旺盛时期每亩地每次灌水所需数量。

94. 喷灌对水源工程有哪些要求?

喷灌和其他灌溉系统一样,必须有可靠的水源,保证在灌溉季节能

满足喷灌用水的要求。尤其对于较大的喷灌系统,必须在规划设计时进行水源可靠性分析,并对需要修建的引水、输水、蓄水和过滤沉淀等水源工程做出合理安排。

河、渠、塘堰和井泉均可作为喷灌水源,但含沙量大、含杂物多的水应经过沉淀、过滤或其他处理,使水质符合国家标准后才能用于喷灌。地形平坦、喷灌面积较小时,可直接从河渠、塘堰、井泉中提水喷灌,这种形式也称为一级喷灌;地形高差复杂或喷灌地块离水源较远时,应在水源处修建引水或提水工程,通过管道或渠道将水从水源输送到蓄水池,再用水泵加压进行喷灌,这种形式也称二级喷灌。山区地形高差大,如水源在高处,灌溉地块在低处,应在较高位置修建蓄水池,发展自压喷灌。

95. 有风时如何进行喷灌?

风对喷灌均匀度影响很大,在设计喷灌系统时,必须根据喷灌季节风力的大小进行专门计算,来确定喷头的组合形式和作业方式,以满足喷灌对均匀度和喷灌强度的质量要求。喷头位置可以适当变化的半固定式、移动式喷灌系统或机组,可根据有风喷灌时喷头前后左右射程的变化,适当缩小喷头间距和作业管道(支管)的移动距离,避免漏喷。但当风力超过4级时,因对喷灌均匀度影响太大,喷洒水的飘移损失也太多,除近地面向下喷洒的自走式喷灌机外,均不宜再进行喷灌。而且有风时更不宜利用喷灌系统喷洒化肥或农药。

96. 喷灌时水的蒸发和飘移损失有多大?

喷灌时水的蒸发和飘移损失会降低喷洒水的利用系数,其降低程度随风速、气温、相对湿度、喷头工作压力和喷嘴直径的不同而变化。根据在湖北、河南、陕西、北京、宁夏、新疆、云南和福建进行的现场测定,在摇臂式喷头工作压力为200~500千帕、喷嘴直径为3~20毫米、气温为20~39.5摄氏度、相对湿度为30%~90%、风速为0~6.4米/秒的条件下,喷洒水利用系数为0.68~0.93,即有7%~32%的喷洒水被蒸发和飘移损失掉了，其中风速对喷洒水的蒸发和飘移损失影响最大。因此，在风速超过每秒6米时（相当于4级风），不宜再进行喷灌。当在作物需水关键期风速较大的地区，必须实行喷灌时，可采用低仰角的喷头，尽量降低喷头竖管的高度，或采用向下喷灌的自走式喷灌机。

97. 山坡地怎样进行喷灌？

在丘陵山区坡度大的地块进行喷灌时，喷头向上坡喷洒的射程较近，而向下坡喷洒的射程较远，不仅影响喷灌均匀度，而且因上坡喷灌强度增大，极易产生地面径流。因此，可采用带扇形机构的喷头，向下坡方向做扇形喷洒；或选用低喷灌强度的喷头，也可采取喷头相隔喷洒的作业方式，以降低喷灌强度；或使喷头竖管向下坡倾斜一个小角度，以增加向上坡喷洒的射程。

98. 怎样利用喷灌设备喷施化肥？

用喷灌设备喷施化肥，以氮肥和钾肥为主，磷肥难溶于水，而且喷施后多沉积在土壤表面，不易被作物吸收利用。

从作物上方喷施化肥，肥液直接撒在枝叶茎秆上，要注意防止肥液灼伤植物叶片，特别是苗期的嫩叶及观叶植物。一般在喷施化肥前，要先喷少量清水（3毫米左右），预湿作物叶片，并在喷完肥液之后，再喷3~6毫米清水，充分淋洗掉茎叶上的肥分，避免残留在叶片上的肥液因水分蒸发浓缩而灼伤叶片，并防止设备被腐蚀。对于肥液浓度的确定，最好预先进行试验，以不灼伤作物为前提，一般应采用较小的浓度。

肥液注入喷灌设备的方法有很多种，按照注入的工作原理可归纳为两类：即压差式吸入与泵压注。压差式吸入的具体方式有两种：一种是由水泵吸水侧吸入，另一种是用吸入装置吸入。泵压注也有两种：一种是用离心泵注入，另一种是用注塞泵注入。

99. 怎样利用喷灌设备喷洒农药？

用喷灌设备喷洒农药，目前仍处于试验阶段。与一般喷雾器相比，

喷头喷洒药量大,液滴粗,容易浸透到土壤及卷叶内,对杀灭土壤中的病虫害及卷叶虫类有特效,如“地老虎”“茶蚕”等。喷药宜采用中低压、低仰角喷头,且间距比单纯喷水时要缩短 10%~20%,喷头竖管的高度以不超过树的平均高度为宜。通常茶树、柑橘等叶片较硬的作物,喷药的效果较好;而苹果等叶片较软的作物,喷药的效果则不理想。

喷洒药液的浓度应通过试验确定,为避免或减轻污染,确保人畜安全,浓度较小为好。药液的注入装置一般和肥液注入装置共用,注入方法也相同。

喷药后会有相当数量的药液残留在管道内,若不妥善处理,不仅浪费药液,而且还会污染环境及水源,危及人畜安全。处理办法有水排法和气排法:水排法是将喷灌系统最低处的阀门打开,让药液流出后,再开动水泵冲洗;气排法则是用空气压缩机向管道系统输入压缩空气,将管道中的残液从喷头中吹出。

六、微灌技术

100. 什么叫微灌?

微灌是一种新型的节水灌溉技术,包括滴灌、微喷灌、涌灌、地下渗灌。它是根据作物需水要求,通过低压管道系统与安装在末级管道上的特制灌水器,将水和作物生长所需的养分以较小的流量均匀、准确地直接输送到作物根部附近的土壤表面或土层中的灌水方法。与传统的地面灌溉和全部面积都湿润的喷灌相比,微灌常以少量的水湿润作物根区附近的部分土壤,主要用于局部灌溉。

101. 微灌有哪些特点?

微灌的主要特点是灌水量小,滴灌灌水器每小时流量为 2~12 升,微喷灌水器每小时流量为 40~200 升,因此一次灌水延续时间较长,灌水的周期短,可以做到小水勤浇;需要的工作压力低,一般为 50~150 千帕,能够较精确地控制灌水量,想灌多少就灌多少,不会造成水的浪费,能把水和养分直接输送到作物根区附近的土壤中,局部灌溉可减少无效的棵间蒸发损失;微灌还能自动化管理。

102. 微灌有哪几种形式?

按灌水时水的出流方式,可以将微灌分为如下四种形式:

(1)滴灌,也叫滴水灌溉。是通过安装在毛管上的滴头、孔口或滴

灌带等灌水器,将水一滴一滴、均匀而又缓慢地滴入作物根区土壤中的灌水方式。灌水时仅滴头下的土壤得到水分,灌后沿作物种植行形成一个一个的湿润圆,其余部分是干燥的。由于滴水流量小,水滴缓慢入渗,仅滴头下的土壤水分处于饱和状态,其他部位的土壤水分处于非饱和状态。土壤水分主要借助毛管张力作用湿润土壤。滴灌不破坏土壤结构,土壤内部水、肥、气、热能经常保持适宜于植物生长的良好状况,蒸发损失小,不产生地面径流,几乎没有深层渗漏,是一种省水的灌水方法。

(2)微喷灌,简称微喷。是介于喷灌与滴灌之间的一种新的灌水方法。采用低压管道将水送到作物根部附近,通过微喷头将水喷洒在土壤表面进行灌溉。它兼具喷灌和滴灌的优点,又克服了两者的主要缺点,所以近年来在国内外受到重视,并得到推广应用。它与喷灌的主要区别在于单个喷头的流量差异,微喷喷头流量小于喷灌,为 50~90 升/时,而喷灌喷头流量为 1~10 米^3/时。在运行压力方面,相差也大,微喷的工作压力为 70~200 千帕,而喷灌的工作压力则为 200~600 千帕。在喷洒灌水方式上也不同,喷灌是作为全面灌溉,湿润整个灌溉面积,而微喷一般只湿润作物周围的土地,以满足作物的需水要求,所以它主要用于局部灌溉。微喷与滴灌的区别在于灌水器出水方式的不同,滴灌以水滴状湿润局部面积土壤,而微喷是以雨滴喷洒湿润局部面积土壤,微喷不仅可以湿润土壤,而且可以提高空气湿度,起到调节田间小气候的作用。此外微喷头的孔径较大,它比滴灌抗堵塞的能力强。

(3)涌泉灌,简称涌灌,也叫小管细流灌。是通过安装在毛管上的涌水器或微管形成的小股水流,以涌泉方式涌出地面进行灌溉。其灌溉流量比滴灌和微喷大,一般都超过土壤渗吸速度。为了防止产生地面径流,需要在涌水器附近的地表挖小穴坑或是绕树环沟暂时贮水。涌泉灌尤其适合于果树和植树造林的灌溉,涌水器孔径较大不易堵塞。

(4)渗灌。是通过埋在地表下的全部管网和灌水器进行灌溉,水在土壤中缓慢地浸润和扩散湿润部分土体,故仍属于局部灌溉。这种灌水方式能克服地面毛管易于老化的缺陷,防止毛管的人为损坏或丢失,同时方便田间耕作,主要适用于灌溉果树。

103. 微灌有哪些优点？

微灌有以下优点：

(1)省水。微灌系统全部由管道输水,很少有沿程渗漏和蒸发损失;微灌属于局部灌溉,灌水时一般只湿润作物根部附近的部分土壤,灌水流量小,不易产生地表径流和深层渗漏。另外,微灌能适时适量地根据作物生长需要供水,水的利用率较其他灌水方法高,一般比地面灌溉省水1/3~1/2,比喷灌省水15%~20%。

(2)节能。微灌是在低压条件下运行,灌水器的工作压力一般为50~150千帕,比喷灌低,又因微灌省水,灌水利用率高,对提水灌溉来说,意味着减少了能耗。

(3)灌水均匀。微灌系统能够实现有效控制每个灌水器的出水量,灌水的均匀度高,均匀度一般可达80%~90%,这是其他灌水方法不易达到的。

(4)增产。微灌能适时适量地向作物根区供水供肥,有的还可调节棵间的温度和湿度,不会造成土壤板结,为作物生长提供了良好的条件,因而有利于实现高产稳产,提高产品质量。许多地方实践证明,微灌较其他灌水方法一般可增产15%~30%。

(5)对土壤和地形的适应性强。微灌系统的灌水速度可快可慢,对于入渗率很低的黏性土壤,灌水速度可以放慢,使其不产生地面径流;对于入渗率很高的沙质土,灌水速度可以提高,灌水时间可以缩短或进行间歇灌水,这样做既能使作物根系层经常保持适宜的土壤水分,又不至于产生深层渗漏。由于微灌是压力管道输水,不一定要求地面平整,适用于山丘坡地、平原等地形。

(6)在一定条件下可以利用咸水资源。微灌可以使作物根系土壤经常保持较高含水状态,因而局部的土壤溶液浓度较低,渗透压比较低,作物根系可以正常吸收水分和养分而不受盐碱危害。实践证明,使用咸水滴灌,灌溉水中含盐量在2~4克/升时,作物仍能正常生长,并能获得较高产量。但是利用咸水滴灌会使滴水湿润带外围形成盐斑,

长期使用会使土壤恶化,因此在干旱和半干旱地区,在灌溉季节末应用淡水进行灌溉洗盐。

(7)节省劳力。微灌系统不需平整土地,开沟打畦,可实行自动控制,大大减少了田间灌水的劳动量,降低了劳动强度。

104. 如何防止微灌的堵塞问题?

(1)注意防止污物堵塞灌水器。灌水器的孔径较小,容易被水中的杂质污物堵塞,造成灌水不均匀,影响作物生长。故对微灌用的水一般都应加以净化处理,先经过沉淀除去大颗粒泥沙,再进行过滤,除去细小颗粒的杂质等,特殊情况下还需进行化学处理。

(2)注意防止果树根系发生偏向。由于微灌只湿润作物根区部分土壤,加之作物的根系有向水性,因而会引起作物根系集中向湿润区生长。在干旱地区微灌果树时,应正确布置灌水器,在平面上布置要均匀,在深度上最好采用深埋式。在补充性灌溉的半干旱地区,因每年有一定量的降水补充,则上述问题不很突出。

105. 微灌的经济效益如何?

微灌节水节能增产的效果十分显著,各地的实践证明,凡使用微灌的地方均获得明显的经济效益。例如:山东半岛地区的苹果采用微灌,一般每亩可增产 20%~30%,省水省电 50%;南方柑橘每亩可增产 30%~50%;黑木耳每亩可增产 50%~105%。采用微灌虽然一次性工程投资较高,但其经济效益也高,微灌工程的还本年限一般为两年左右,与其他灌溉工程相比,还本年限还是短的。微灌工程还减少了田间渠系占地,增加土地面积,节省平地、打畦、灌水的劳力等。

106. 哪些地方、哪些作物最适合微灌?

微灌适用于干旱缺水的地区,我国的北方和西北地区,是微灌最有发展前景的地方。南方的丘陵区不少是种植柑橘等经济林果区,由于降水年内分配不均匀,需进行补充性灌溉,也是适宜发展微灌的地区。

微灌适应性强，山丘、坡地、河滩等不利地形以及质地差的土壤均可采用。

微灌最适用于经济林果作物，北方地区的苹果可以采用滴灌、微喷、涌泉灌或者渗灌，效果都很好。北方和西北地区的葡萄等瓜果采用滴灌最为理想。南方的柑橘、茶叶、胡椒等经济作物最好采用微喷，既可以增加土壤水分又可以调节田间小气候，食用菌、黑木耳、苗木、花卉等采用微喷灌效果最理想。大田作物如小麦、玉米等采用移动式滴灌效果也不错。

107. 微灌系统有哪几种类型？

根据不同的作物和种植类型，微灌系统可分为固定式和移动式两类。固定式微灌系统是指全部管网安装好后不再移动，固定在地表或埋入地下。这种类型的系统常用于宽行作物，如果树、葡萄等。移动式微灌系统干、支管道是固定的，仅田间的毛管是移动的，一条毛管可控制数行作物，灌水时，灌完一行后再移至另一行进行灌溉，依次移动可灌数行。这样可提高毛管的利用率，从而大大降低设备投资。这种类型的微灌系统常用于较密植的大田作物和宽行的瓜类等作物。

根据管网安装方式的不同，又可分为地表式微灌系统和地埋式微灌系统。地表式一般是指支管、毛管铺设在地面上，其优点是管网安装较省工，也便于检修；缺点是有碍田间耕作，设备易于老化和损坏。地埋式则可避免地表式的缺点，但不便检修，因此在选择时要根据当地条件权衡其利弊而定。

108. 微灌工程由哪些部分组成？

微灌工程通常由水源工程、首部枢纽、输配水管网和灌水器四大部分组成。

(1)水源工程。河流、湖泊、塘堰、沟渠、井泉等，只要这些水源的水质符合微灌要求，均可作为微灌的水源。为了利用各种水源进行灌

溉,往往需要修建引水、蓄水和提水工程以及相应的输配电工程。这些通称为水源工程。

(2)首部枢纽。微灌工程的首部通常由水泵及动力机、控制阀门、水质净化装置、施肥装置、计量和保护设备等组成。首部枢纽担负着整个系统的驱动、检测和调控任务,是全系统的控制调度中心。

(3)输配水管网。干、支、毛管担负着输水和配水的任务,一般均埋入地面以下一定深度。根据灌区的大小,管网的等级划分也有所不同。

(4)灌水器。微灌的灌水器有滴头、微喷头、涌水器和滴灌带等多种形式,或置于地表,或埋入地下。灌水器的结构不同,水的出水流形式也不同,有滴水式、慢射式、喷水式和涌泉式等,相应的灌水方法亦称为滴灌、微喷灌和涌泉灌。

109. 微灌系统中主干管起什么作用?采用哪些管材合适?

微灌系统中主干管起着向灌区输水的作用,全灌区的用水都要通过主干管输送,它承受的压力较大,因此主干管必须采用承压管材。微灌系统怕堵塞,严禁使用金属管道和混凝土管道,常选用塑料管材,如聚氯乙烯(PVC)管和聚乙烯(PE)管。

110. 微灌系统中支管、毛管起什么作用?采用哪些管材合适?

微灌系统中的支管起着承上启下的配水作用。支管上常装有许多毛管旁通阀以便向毛管配水,通常选用聚乙烯(PE)半软管材。

微灌系统的毛管起灌水作用,毛管上装有不同形式的灌水器(如滴头、微喷头等),将水直接灌到田间作物根区。有的灌水器,如滴灌带,水沿管线上许多小孔滴入土壤中,既是毛管又是灌水器。

111. 如何选择灌水器？各种灌水器的性能及其适用范围是什么？

微灌的灌水器种类很多，且大多用塑料制成，如何选择定量好、又适用的灌水器呢？①从外观上检查，表面应是光洁无缺陷，没有飞边毛刺等。②制造精度要高，一般用制作偏差 C_v 值来衡量，C_v 值越小说明制造精度越高，出水的均匀度也就越高，一般规定 $C_v \leqslant 0.04$ 时为优质，$0.04 < C_v \leqslant 0.07$ 质量一般，$0.07 < C_v \leqslant 0.11$ 质量尚可，$C_v > 0.11$ 时则认为不合格。③水力性能要好，一般以灌水器的出流流态指数 X 值来衡量，$X = 1 \sim 0.6$ 时为层流型，$X = 0.6 \sim 0.4$ 时为紊流型，$X = 0.4 \sim 0$ 时为补偿型，紊流型灌水器较层流型灌水器抗堵塞，因此尽可能选用紊流型灌水器为好。补偿型灌水器对毛管内压力变化有一定的补偿作用，出水量均匀稳定不受压力变化的影响，但结构较复杂，价格也较高。④结构简单，坚固耐用，价格便宜。

灌水器有滴头、滴灌带、微喷头、涌水器、渗水头等多种。它们各有其优缺点和最适用的范围，选用得当，就能获得较好的灌水效果，否则就适得其反。选用什么样的灌水器就意味着采用什么样的微灌方式，在此仅作一简要介绍。

滴灌（滴头和滴灌带）适用于干旱缺水地区的瓜果，如葡萄、西瓜、哈密瓜、黄瓜等的灌溉，不仅省水增产，同时还可以防止瓜类病毒的传染。用于大田作物的移动式滴灌效益也很高，滴灌带还可以作为地埋式滴灌，有利于田间管理。在半干旱地区滴灌还可以利用微咸水灌溉果树。

微喷灌（各种微喷头）：折射式微喷头喷水时雾化较好，所以也叫雾灌，适用于既需要补充土壤水分，又需要增加棵间湿度的作物，如柑橘、茶叶、木耳、胡椒、花卉、苗木等。旋转式微喷头射程较远、雨滴较大，可作全面灌溉，也可作局部灌溉，适用于果树、蔬菜、草坪等灌溉。

涌灌及渗灌：管道全部埋入地下，便于田间作业和管理，适用于果树，如葡萄、苹果、山楂等的灌溉。

112. 微灌用水为什么要处理、过滤？过滤器有哪些种类？如何选用？

微灌灌水器的孔径都很细小，一般只有1毫米左右，容易被污物堵塞，所以微灌用水都应经过净化处理。当水中泥沙含量高时，应先经过沉淀池将大颗粒泥沙做沉淀处理，然后再经过过滤器过滤进入微灌系统。过滤器品种很多，常用的有以下几种：

(1)筛网过滤器。可根据灌水器孔径大小来选配不同网目的滤网，以拦截无机污物。

(2)砂过滤器。在一个压力密封缸内装一定规格的纯砂，水经过砂层就可以滤除水中的杂质以及水中的有机物，如鱼卵、藻类等。

(3)离心式过滤器。也叫水沙分离器，水经过离心力作用，将水中的沙子分离出去，当井水或河水含沙粒多时，作为第二级过滤之用，但还应与筛网过滤器配合使用。

(4)叠片式过滤器。是由许多刻有沟槽的塑料同心圆片组成的，结构紧凑，过滤效果好。

113. 微灌系统中必须配备哪些阀门？有什么作用？

微灌系统是压力灌溉管网，必须配备各种阀门以控制和调节系统内的压力和流量，防止运行中出现各种临时故障。在首部枢纽和各配水管道首端，应安装控制阀门，以调控进入管网的水量，机泵前还应安装逆止阀，以防止管中水倒流。在压力大的主干管上应安装安全阀，以防止突然停机时形成的水锤破坏管道。在地形起伏不平的驼峰处应安装进排气阀，以防止停水时形成管道真空吸扁管子。在支管、毛管尾端，还应安装自动冲洗阀，在管内水压小于工作压力时，能够自动开启，冲洗管内污物，以防止灌水器的堵塞。

114. 兴建微灌系统要做哪些工作？

微灌系统与其他灌溉系统一样，在建设前首先要进行规划设计。

一般来说,整个规划设计工作可以分为勘测调查、规划和设计三个阶段。首先进行勘测调查,收集有关资料,如气象、地形、土壤、水文及水文地质、农业生产、社会经济等资料;然后进行规划,提出设计方案;最后进行微灌系统的技术设计,以减少盲目性,避免做无益的工作,使设计更合理。规划的原则可以归纳为四方面:①全面考虑,远近结合;②因地制宜;③节水节能,讲究实效;④满足要求,投资最少。在进行初步分析与论证的基础上,初步确定微灌系统设计轮廓,进行技术设计。技术设计内容有:①供需水量分析计算(包括确定作物田间需水量、灌溉制度的拟定、计算灌溉用水量等);②水质处理设计;③化学药剂注入设计;④微灌系统布置方案的确定;⑤灌水器的选用与布置;⑥管道系统水力学计算;⑦干管、支管设计;⑧机泵的选择和首部枢纽布置设计等。这些阶段和内容相互紧密联系,且前后互相牵制影响,要反复进行多次、多方比较,并进行必要的试验和方案比较后才能最后确定整个设计方案。规划设计工作,应由有关部门的专业人员来进行,以便使微灌工程的规划设计经济合理,技术上可行。同时微灌系统的施工安装,应严格按照设计要求,在专业技术人员的指导下进行,以保证工程质量及正常运行。

115. 怎样管好、用好微灌系统?

微灌系统是技术性较强的灌水系统,建成后应建立专门管理机构,制定规章制度,确定专人管理。只有管理得好,才能使工程和设备保持完好,运行正常,充分发挥效益。微灌系统使用寿命长短和效益的好坏,与管理工作的好坏息息相关。管理人员要经常检查微灌系统的水源工程、首部枢纽、各级管路、闸阀和田间灌水器是否保持良好的技术状态,保证随时都能正常运行。每次灌水后都要清洗过滤器,防止灌水器堵塞;发现管路损坏,闸阀漏水要及时修复。在灌水季节后,应将微灌用的毛管和灌水器及时收藏起来,防日晒和鼠咬,冬季在上冻之前,要排除系统内的余水,做好防冻工作。

七、井灌技术

116. 什么是井灌技术？包括哪些内容？

井灌技术又称井灌工程与管理技术，它是一门有关机井和田间输、配水工程的规划、设计施工与管理方面的技术。井灌技术主要包括以下内容：

（1）水文地质调查与地下水资源量评价。

（2）地下水资源量与作物用水量平衡计算及井灌区有效灌溉面积的确定。

（3）机井规划与布局及单井控制灌溉面积的确定。

（4）机井的井深、井径及滤水结构的设计，以及成井技术与施工工艺的选择与确定。

（5）机井配套系统的设计与确定。包括动力系统的规划设计及井、泵、机的配套设计与选择等。

（6）机井管护工程的规划与设计。包括井房、井台、井池和机电保护设施的设计与选择。

（7）输水渠系、田间沟畦及平田整地工程的规划、设计与施工。

（8）井灌区的工程管理和组织管理规章制度的制定及机泵手的培训与管理承包责任制的签订等。

（9）旧井灌区的技术改造及以节能、降耗为目标的机井挖潜与测试改造。

117. 发展井灌为什么首先要进行井灌工程规划？

发展井灌首先要进行井灌工程规划，这是因为：

（1）井、泵、渠系及田间沟畦统称为井灌工程。它是农田基本建设的重要内容之一，也是确保农业高产、优质、高效的重要条件。井灌工程不仅要在保持地下水源与作物用水量基本平衡条件下，遇旱能浇，而且井群布局和井、泵、机配套及渠系布置与田间的沟畦等都要搭配合理。如果不进行规划或规划不周，就会造成顾此失彼、事倍功半和劳民伤财的后果。

（2）由于地下水资源量是有限的，任意开采或超量用地下水则会造成采补失调，使地下水位逐年下降，甚至在大面积范围内形成降落漏斗。一旦发生此情况，会导致大批机井出水量减少或报废，水泵需要更新换代或井灌经济效益显著下降的恶果。因此，必须进行地下水利用量的分析计算来规划发展井灌面积，以确保地下水的开采维持在当地生态平衡允许的范围内。

（3）井灌工程建设要讲究经济效益。这就需要先通过工程规划进行多种方案比较来选择最优方案，达到投资少、见效快和受益大的最佳目标。

综上所述，进行井灌工程规划，既有利于提高井灌工程质量，又有利于提高井灌经济效益。因此，在发展井灌时，进行井灌工程规划是十分必要的，也是首先要进行的。

118. 井灌区规划时要了解和掌握哪些基本情况？

井灌区规划必须根据当地自然条件和技术、经济情况来制订，并一定要建立在水资源量与作物灌溉用水量相平衡的基础上。因此，在进行井灌区规划时，首先要了解和掌握以下基本情况：

（1）自然地理情况。主要包括地形、地貌特征，区内总面积与耕地面积和土壤类型与分布等。

（2）水文、气象情况。包括历年降水量、蒸发量、地表水源及旱涝情况，另外还包括气温、霜冻期和冻土层厚度等。

（3）地质与水文地质情况。包括地层构造，含水层埋藏位置、厚度

与岩性及地下水的富水程度,补给条件和年均可开采量及水质情况等。

(4)农业生产情况。包括农业生产现状与发展趋向,作物种类与种植比例,复种指数,产量水平和当地灌溉现状等。

(5)社会经济情况与技术条件。包括地方财力与农民收入状况,打井队的技术装备与人员素质,井用材料的生产与供给情况和能源现状与未来供求情况等。

以上所要了解和掌握的情况,大部分可以通过地质、水利和农业部门来收集。其余部分可通过调查研究获得。对收集的情况要进行认真分析与整理,以备规划中应用。

119. 井灌区规划的基本原则与内容有哪些?

井灌区规划的基本原则与内容主要包括以下几项:

(1)规划时应本着充分利用地表水和合理开采地下水的原则。另外还要考虑近期、远期灌溉用水需求,并兼顾人、畜用水和乡镇企业的发展及旱、涝、碱的综合治理,以达到兴利除害的目的。

(2)要优先和重点开采浅层地下水,对深层地下水要限量与控制开采。

(3)对地下水丰富和补给条件好的地区,应集中布井开采。对含水层分布广阔,且补给条件较差的地区,应分散布井开采。

(4)对地下水位高的盐碱化地区,应多布井和实行以灌代排,以通过降低地下水位来治理土壤盐碱化。

(5)对旧井灌区进行改建再规划时,应保留布局合理的机井,封存布局过密的多余井。而对已无使用价值的病井则应予以报废处理。在此基础上再规划新打井与更新井的位置和数量。

(6)对滨海地区应尽量少打井,并限量开采,以防海水侧渗入侵。

(7)对长期超量开采地下水的地区,应严格控制地下水开采量。此外,要大力修建节水工程,发展节水灌溉技术或适当发展旱地农业,减小灌溉面积,以使地下水开采量小于补给量,使地下水位逐步回升。

(8)不论新、旧井灌区,都要把节水工程措施与采用节水农业技术当作一项重要内容来抓,以防采补失调和地下水位逐年下降。

120. 为什么要进行机井设计?

不论管井、筒井、大口径井和辐射井等,都是独立汲取地下水的建筑物。既是建筑物就要进行合理设计,如果设计不当,则会带来以下几种不良后果与弊病:

(1)井径设计不当所带来的弊病。如在含水层富水性差和埋藏浅的情况下,设计采用口径较小的管井型结构,则会使井的出水量过少。若在含水层富水性好、厚度大和埋藏深的情况下,设计采用口径较大的筒井型结构,则会使井的造价增高。

(2)井深设计不当所带来的弊病。当含水层厚度大、埋藏深和富水性较差时,应打成管井形完整井(井底坐在泥层上)。当含水层厚度大和富水性较好时,可打成非完整井(井底坐在砂层中)。若设计情况相反,前者会带来出水量过少的弊病,而后者会带来凿井费用过高的后果。

(3)过滤器设计不当所带来的弊病。机井过滤器通常由滤水管和滤料组成,它是机井的核心部分。如果滤水管孔隙率设计得过小,则会增加进水阻力,减少井的出水量。另外,设计不当还会带来强度不够或耐蚀、耐淤、抗堵性较差的弊病,造成机井过早报废。滤料是机井拦砂滤水的关键措施,若设计的滤料过粗,会导致机井涌砂报废;若设计的滤料过细,则会减少井的出水量。

121. 机井设计的主要内容有哪些?

机井种类很多,而在农用井中,应用最多的还是管井,管井又分口径小于50厘米的深管井和口径为50~100厘米的浅管井。由于井的设计原理是一致的,下面着重介绍管井设计内容:

(1)管井的井口设计。井口是指井管与井台的接合部,它通常要高出地面30厘米左右。井口要设置井盖,以起安全防护的作用。

(2)管井的井身设计。井身是指井口以下和进水部分以上的一段。为了水泵安全装卸和运行自如,井身口径要适当大于泵头直径,并

保持基本垂直。由于水泵在启动的瞬间会撞击井身,因而井身材料要坚固。

(3)管井进水部分设计。进水部分是指管井的过滤器,它设计得好坏直接关系到成井质量的高低。因此,该部分的设计要求是出水效率高和拦砂效果好。为此,要根据含水砂层的砂粒粗细来选好相应滤料,以起拦砂滤水作用。另外,滤水管的设计既要孔隙率较高,又要能阻挡滤料不进入井中。滤水管材要具有可靠的强度和耐蚀、耐久性能,以使井的寿命较长。滤水管包棕的做法不符合相关规范要求,因而不允许滤水管包棕,以免棕网被砂粒堵塞,而降低井的出水量。

(4)管井沉砂管的设计。沉砂管处在井管的最下端。由于机井抽水时总会少量出砂淤井,为了延长机井淤积时间而设置沉砂管。沉砂管要有较大的容量,对口径较粗的沉砂管,《机井技术规范》(GB/T 50625—2010)规定其长度不小于2米,对口径较细者规定为4米以上。

122. 为什么要重点搞好机井过滤器的设计?怎样设计与选用过滤器?

机井过滤器是井的进水部分,设计不当将造成井的出水效率低或拦砂效果差而降低成井质量。为了提高成井质量,就要重点搞好机井过滤器设计。

机井过滤器分填砾过滤器和非填砾过滤器,前者适用于砂类含水层,而后者仅适用于卵、砾石层。由于我国井灌区绝大部分为砂类含水层而适合采用填砾过滤器。下面着重介绍填砾过滤器,即滤料和滤水管的设计和选用。

(1)滤料的设计和选用。滤料颗粒大小应按含水层砂粒粗细来确定。按《机井技术规范》(GB/T 50625—2010)的规定,滤料的平均粒径应设计为含水砂层平均粒径的8~10倍。其具体选用标准可参照表7-1。

表 7-1　滤料设计规格

含水砂层		滤料规格/毫米
名称	平均颗粒直径/毫米	
粉砂	0.05~0.15	0.5~1.5
细砂	0.15~0.25	1.0~2.0
中砂	0.25~0.50	1.5~3.0
粗砂	0.50~1.00	2.0~5.0

(2)滤水管的设计与选用。滤水管材要坚固、耐久和不易被砂粒或水垢堵塞。按《机井技术规范》(GB/T 50625—2010)规定,其孔隙率要达到12%~15%以上。滤水管不允许包棕,以防被砂粒堵塞。用多孔混凝土滤水管时,要严格控制骨料规格和材料配比。骨料的具体设计标准可参照表7-2。

表 7-2　骨料设计规格

含水砂层	粉、细砂	中砂	粗砂
骨料粒径/毫米	3~8	5~10	8~12

条缝式或缠丝式滤水管的缝宽设计是关键,其缝宽尺寸要按滤料的小颗粒直径来设计。

(3)过滤器的尺寸设计与选用。滤料围填厚度应在10厘米以上,滤水管长度按含水层厚度确定,管径视井的深浅来选择,较浅时宜粗些,相反宜细些。

123. 为什么要重视成井工艺?成井工艺包括哪些内容?

成井工艺也叫机井施工,包括钻机架设、钻孔、下管、滤料投放和洗井与抽水验收等工序,每一道工序都很重要。

如钻塔安装不垂直会导致井孔打斜;钻孔尺寸不够会影响填砾厚度;下管不注意会发生卡管事故;滤料填得过快会发生棚架;井洗不好会使出水量少;不抽水验收会掩盖可能存在含砂量过多或出水量未达

到设计要求等问题。因此,要十分重视成井工艺。成井工艺内容包括:

(1)钻机安装要稳固、垂直,以防井孔打斜。在施工全过程中,要经常检查钻机是否发生位移,如发生位移应及时调整。

(2)钻孔时要特别重视护壁,以防塌孔。通常用压力水护壁,即在施工中向井孔内注水,并保持注水水面与地面基本持平。

(3)下管前要注意:一是检查孔径是否达到设计要求,为此要用疏孔器疏孔与探测;二是检查孔深是否达到预定深度,如未达到应予清孔或钻进;三是核对地层记录,以确保滤水管下到含水层的位置。

下管过程中要严格纪律,以免发生事故。另外要认真执行每隔4~5米绑扎一组扶正器(木),以使井管对中,确保填砾厚度均匀。

(4)洗井要彻底。为了打通过滤器中透水通路和清除井孔周围的泥沙物质,一定要严格执行洗井程序。洗井方法很多,而用活塞拉洗结合水泵抽洗效果较好,且设备简易。

(5)抽水验收要认真。一是检查出水量是否达到设计或合同要求,二是检查含砂量是否超过《机井技术规范》(GB/T 50625—2010)标准。按规定,对中细砂层含砂量不得超过万分之一;对粗砂、卵砾地层不得超过五万分之一。另外,还要测量出水量和动水位,为合理配泵提供依据。

124. 主要洗井方法有哪些?如何选用?

为了破除井孔周围的泥皮和清洗渗入含水层中的泥浆,必须进行洗井。洗井方法有很多,若运用不当则达不到上述目的。因此,要特别重视洗井方法的合理选用。主要洗井方法及适用条件如下所述。

(1)空压机洗井法。有同心式与并列式两种形式,同心式是风管插在水管当中,而并列式是风管与水管并列。前者适用于口径较小的机井,有时还可不用水管,其优点是安装方便,但水、气混合均匀性较差,洗井效果也较差。并列式适用于口径较粗的机井,水、气混合均匀,洗井效果也好;缺点是安装较复杂,升降不方便,因而目前应用较少。为了把井洗好应积极提倡采用并列式洗井。空压机洗井要有一定的淹没比,即风管喷嘴在水下的淹没长度与喷嘴至井口的高度的比值要大于0.5。

(2)活塞洗井法。该法的主要工具是活塞洗井器,如图7-1所示,用它在井中以一定速度升降,并在瞬间形成负压面起到打通水路和破除泥皮的作用。该法设备简单、操作容易、效果良好,但混凝土管井不能使用。

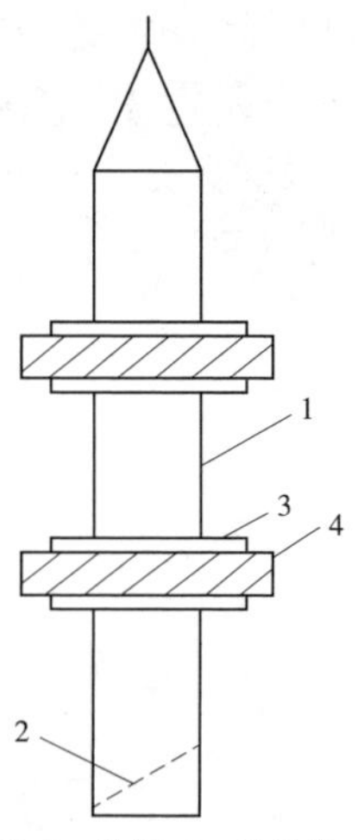

1—无缝钢管;2—拍门;3—法兰盘;4—橡胶板。

图7-1 活塞洗井器示意图

(3)其他洗井法。包括单、双泵洗井法,二氧化碳洗井法及化学药剂洗井法等,各有利弊。单、双泵洗井法适用于口径大的混凝土管井,但效果较差。二氧化碳洗井法效果好,但费用较高,它适用于口径较小的铁管井。化学药剂洗井法对破除泥皮有显著效果,但成本高。

上述洗井方法还可相互配合使用,如空压机与活塞相配合,活塞与化学洗井相配合等,称作联合洗井法。

125. 如何进行机井合理配套?

(1)井泵配套。为了既使井的出水潜力得到发挥,又使水泵处于高效工作状态,则应搞好井泵合理配套,为此应通过抽水试验确定适宜最大出水量和相应动水位。适宜最大出水量是指含砂量不超过《机井

技术规范》(GB/T 50625—2010)规定和单位出水量不随抽降增大而明显减少的机井出水量,确定了适宜最大出水量和相应动水位后,就可选配适宜的水泵型号了。若所选泵型正好与井的出水潜力相适应,则井泵配套合理。

(2)机泵配套。动力机即电机或柴油机都要因泵选配,动力机所需配套功率,可用式(7-1)计算:

$$N_{配} = K\frac{N_{轴}}{\eta_{传}} \tag{7-1}$$

式中 $N_{轴}$——水泵轴功率,可由铭牌查得;

$\eta_{传}$——传动效率,直联时 $\eta_{传}=1.0$,平皮带传动时 $\eta_{传}=0.9\sim0.98$,三角带传动时 $\eta_{传}=0.90\sim0.95$;

K——动力机备用系数(当水泵 $N_{轴}<5$ 千瓦时,$K=2.0\sim1.3$;$N_{轴}=5\sim10$ 千瓦时,电机 $K=1.3\sim1.15$,柴油机 $K=1.5\sim1.3$;$N_{轴}=10\sim15$ 千瓦时,电机 $K=1.15\sim1.10$,柴油机 $K=1.3\sim1.2$)。

动力机转速要适应水泵额定转速,可按式(7-2)确定动力机皮带轮直径 $D_{动}$:

$$D_{动} = K\frac{n_{泵}D_{泵}}{n_{机}} \tag{7-2}$$

式中 $D_{泵}$——水泵皮带轮直径;

$n_{泵}$、$n_{机}$——泵和动力机额定转速;

K——打滑系数,平皮带时 $K=1.02\sim1.0$,三角带时 $K=1.01\sim1.02$。

(3)井台、井池、井盖和井房配套。为了保护机井设施与管理运行,在成井后应及时进行上述四配套。

126. 机井管理有哪些形式?

机井管理包括机务管理、工程管理、用水管理、财务管理和水源监测,搞好各项管理都要通过建立健全各级管理机构和培训以机泵手或井长为基本成员的管理与操作队伍才能得到落实。我国井灌区经过多年摸索已积累了不少管理经验。下面是机井管理的几种主要形式：

（1）对实行农业生产责任制或联产到劳的村组，可实行“三统”“一专”和“五定”“一奖”的管理形式，适用于经济实力和领导班子都较强的村组。“三统”是统一领导、统一使用和统一管理。“一专”是成立专门管理机构。“五定”是定任务、定设备、定消耗、定报酬和定灌水质量。“一奖”是完成任务后给予物质和精神奖励。

（2）对实行大包干农业生产责任制的村组，可实行井长负责制，给井长一定数量的养井田，并把机务设备的部分责任承包给井长，完不成任务罚款或撤换，完成或超额完成任务有奖。这种管理形式有利于调动井长的积极性，也有利于机井灌溉效益的提高，是目前采用较广的管理形式。

（3）专人承包责任制。村组把机井设备包给个人，浇地收费，按比例提成。对机井设备和渠系工程的养护与小修费用由承包人自理，大修由村组负责。这种管理形式适用于各类农业生产责任制。

127. 什么是机井装置效率？为什么要抓装置效率？

机井装置由动力机、传动装置、水泵、进水管路和出水管路组成。表示这些装置综合效率的量叫机井装置效率。

为求得机井装置效率，首先要求算出机井装置的能源单耗 e，计算式为：

$$e=\frac{1\,000\sum E}{\sum V\cdot H_{净}} \tag{7-3}$$

式中 e——能源单耗，指机井装置每提水 1 000 吨·米所消耗的电能（千瓦·时）或柴油（千克）；

$\sum E$——某一时段能量，千瓦·时或千克；

$\sum V$——同一时段提水量，吨或米^3；

$H_{净}$——水泵净扬程，即动水位至泵出水口的高差。

按式（7-3）求出了 e 值就可按式（7-4）算得机井装置效率 η：

对电动机

$$\eta = \frac{2.72}{e} \times 100\% \tag{7-4}$$

对柴油机

$$\eta = \frac{0.74}{e} \times 100\% \tag{7-5}$$

式中　2.74——1 000 吨·米做功理论耗电量,千瓦·时;

0.74——1 000 吨·米做功理论耗油量,千克。

根据《机井技术规范》(GB/T 50625—2010)规定,机井装置效率对电动机配套的不得低于35%,对柴油机配套的不得低于30%。机井装置效率是反映机、泵和进、出水管路安装是否合理的重要技术指标,即效率越高,说明安装和运行情况越好,否则就说明配套不合理或机、泵有毛病。因此,在提高机井装置效率时,首先要对机井装置进行测试,并找出存在的问题,进行"对症下药"。

128. 提高机井装置效率有哪些办法?

机井装置效率为机井各部分装置效率的乘积,可用式(7-6)表示:

$$\eta = \eta_{动} \cdot \eta_{传} \cdot \eta_{泵} \cdot \eta_{管} \tag{7-6}$$

式中　$\eta_{动}$、$\eta_{传}$、$\eta_{泵}$、$\eta_{管}$——动力机、传动皮带、泵和管路的运行效率。

当机井装置中的个别装置效率不高或各个装置效率都较低时,可通过个别装置或各部分装置的技术改造来达到提高机井装置效率的目的,主要办法如下:

(1)车削泵叶轮。当原配水泵的扬程或流量超出机井实际需要时,可通过车削泵叶轮降低扬程或流量,以达到减小能耗、提高机井装置效率的目的。

(2)去掉泵头滤网。水泵进水部位的滤网增大了进水阻力,而使能耗增加。去掉滤网可减少能耗,使机井装置效率得到提高。

(3)加大泵管直径。水泵输水管径大小对管水头损失影响极大,如原泵管径过小,能耗相应较大,可适当加大输水管径来降低能耗与提高机井装置效率,但加大管径会增加投资,要进行经济比较来确定。

(4)减小叶轮级数和泵管长度。长轴泵叶轮级数和泵管长度如选用过多和过长,会增加水头损失和能耗。适当减小叶轮级数和泵管长度有助于提高机井装置效率。

提高机井装置效率的技术改造措施还有许多种,如改造调整低压供电系统,提高供电质量;更换泵型使其与井的出水能力和所需提水高度相适应;对动力机和水泵进行检修或更换磨损件等都可提高机井装置效率。

129. 群井汇流是什么意思？有什么好处？

群井汇流是指把多眼机井提出的水通过硬化渠道或地下管道汇集起来统一调度使用的井灌工程系统。群井汇流适用于平原井灌区,尤其适用于群井范围内地下水源丰富,而周边或某侧属于贫水区或水质不良地区的情况。另外,群井汇流所在地要有充足的电力资源,以便机井装置运行电气化和管理调度自动化。如用硬化渠道汇流,其渠底应是水平的,渠道高度要根据它所控制范围的地形情况来设计,以使井井相通,灌溉所辖控制范围。若用地下管汇流,要进行精心设计与施工,以便使每眼机井的水流都能送到制高点,达到统一调度与配水。群井汇流有以下好处:

(1)群井汇流可以“以丰补歉”。在群井汇流辖区地下水源丰富的情况下,它不仅可以灌溉辖区范围内的耕地,还可以支援周边贫水区或水质不良区发展灌溉。

(2)群井汇流可以在辖区内部调配水源,使辖区内的某些机井不会因井、泵故障或出水量较少而使其控制面积得不到灌溉。

(3)由于群井汇流实现了集中统一调水和电气化调度管理,因而有利于扩大灌溉效益和提高灌水质量。但也应当指出:群井汇流只有在适当的条件,并具有一支素质好的技术人员队伍时,才能发挥其优势;否则,会事倍功半、得不偿失。

130. 什么是辐射井、子母井？

辐射井是由集水竖井和沿竖井下部含水层水平打进的一组集水管

(通常为 6 根左右)所组成的一种井型。由于集水管呈辐射状分布,因而叫辐射井,其结构形式如图 7-2 所示。辐射井的集水竖井,口径要大,以便打水平集水管孔时施工操作。辐射井适用于含水层埋藏浅、厚度薄、透水性好和有补给水源的砂砾石含水层,也适用于裂隙发育、厚度较大的黄土含水层。在上述含水层条件下,如打单个竖井,则出水量少;而打辐射井,则可使井的出水量显著增加。辐射井在我国西北地区的陕西等省发展早,数量多,近年来在华北地区发展较快。

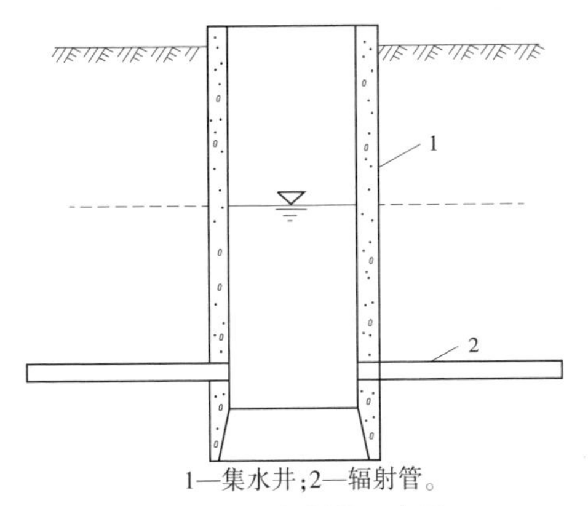

1—集水井;2—辐射管。

图 7-2　辐射井示意图

子母井是由一眼口径较大、较深的集水井和若干眼较浅的取水井通过集水管联成的一个集水系统。集水井叫母井,取水井叫子井,而统称子母井。子母井的结构形式如图 7-3 所示。

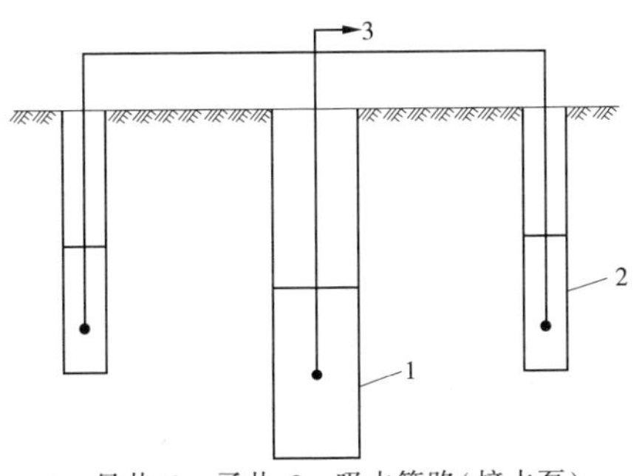

1—母井;2—子井;3—吸水管路(接水泵)。

图 7-3　子母井结构与抽水示意图

子母井适用于浅层富水性较差,而深层无含水层的水文地质条件。子母井通常为浅井型,单靠一眼浅,井出水量少,满足不了灌溉需要,而打子母井可使井组出水量显著增大。子母井的结构形式较多,有筒井型子母井、管井型子母井和筒管井型子母井等。子母井按布置形式分,有直线形和梅花形;接集水方式分,有虹吸集水和抽水集水等形式,可根据地下水位深浅来决定采用哪种形式。

131. 多孔混凝土井管有哪些优缺点?

多孔混凝土井管俗称无砂管。它是用砾石或碎石作骨料,配以适当的水泥与水拌制而成的。多孔混凝土井管的主要优缺点及适用条件如下:

(1)适合我国国情。由于目前我国农村经济、技术条件较差,而无砂管正好具有造价低、制作简便和材料来源充足等优点,因而自20世纪60年代中期以来一直在浅机井中广泛应用。

(2)技术性能较好。它的孔隙率通常在15%~20%,透水性良好,尤其在围填滤料条件下,成井质量较高。另外,只要骨料和材料配比设计合理,可在不同含水层及井深100米以内广泛应用。其适用条件见表7-3。

表7-3 多孔混凝土井管骨料规格与材料配比

骨料粒级/毫米	适用含水砂层	适用井深/米	灰骨比	水灰比
3~8	粉、细砂	<50	1:5	0.28~0.30
		50~100	1:4	
5~10	中砂	<50	1:5	0.28~0.30
		50~100	1:4	
8~12	粗砂	<50	1:5	0.28~0.30
		50~100		

注:所用水泥标号均不低于425号,宜用硅酸盐水泥。

按表7-3所制作的无砂管具有良好的透水性，但仍要强调围填滤料，否则将会引起机井出砂量过多而导致机井报废。

(3)缺点。由于无砂管的过水孔道是弯弯曲曲的，因而在长期抽水过程中会发生被砂粒淤堵的情况，而围填合格滤料可以缓解淤堵问题。无砂管不允许在泥质粉砂中使用，在水质不良或容易产生水垢的情况下不允许应用。

132. 条缝式滤水管有哪些优缺点？

条缝式滤水管简称条缝管，它是各类滤水管中技术性能最好的一种。条缝管的主要优缺点如下：

(1)透水性好与不易堵塞。条缝管的孔隙率通常可达20%左右，而且条孔进水通畅，不易被砂粒和水垢堵塞，具有透水性好和出水效率高的优点。如果条缝管的材料耐化学腐蚀，还具有耐久性好与使用寿命长的优点。

(2)适用范围广。条缝管可用于各种深度和不同含水层的机井中。但由于管材价格高，而更适合口径较小和深度较大的机井。

(3)缺点是当选用不合格滤料时，会发生机井大量出砂而使井淤积报废。因此，尽管条缝管优点很多，但因对滤料规格要求很严，以致目前在农用中，浅机井应用还不多。

近年来，河北、山东等省研制并推广了竹笼式滤水管，即以铸铁或钢筋混凝土穿孔管为骨架，外套竹笼的滤水结构。这种滤水管属条缝管结构，用于中、深井造价较低，效果良好。

133. 怎样布置井灌区的渠道系统？

井灌区的渠道系统布置应能控制机井所辖范围。通常渠系布置分三级，即干、支固定渠道和田间临时毛渠。由于水资源日益紧缺，近年来大力发展了对干、支渠的硬化衬砌或修建低压管道。因此，对干、支渠的布置一定要科学、合理。

(1)布置原则。主干渠应尽可能沿地势高处布置，同时又要与田块规划相结合。渠系布置应能控制机井所辖范围,线路较短,同时要便于机耕和尽可能与田间路、林相结合。

(2)布置形式。井灌渠系布置一般有两种形式,即双向分水形式与单向分水形式,具体怎样布置要根据机井位置和田间地形而定,这两种布置形式如图7-4和图7-5所示。

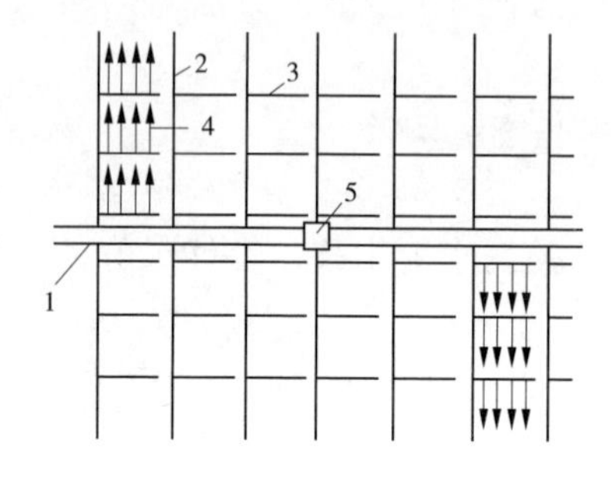

1—干沟;2—支沟;3—毛沟;4—畦;5—井。

图7-4 双向分水渠道布置示意图

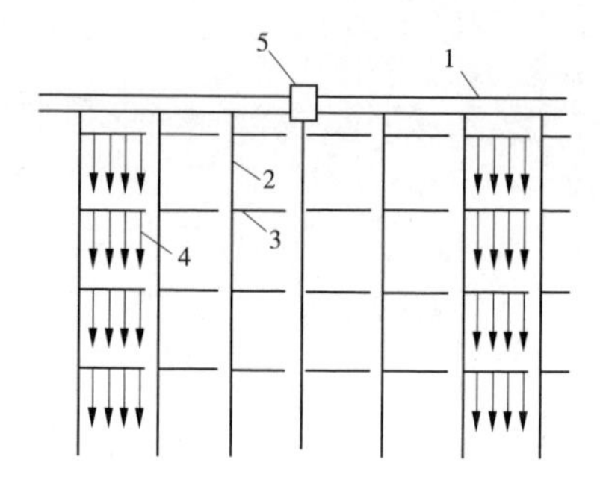

1—干沟;2—支沟;3—毛沟;4—畦;5—井。

图7-5 单向分水渠道布置示意图

八、渠道防渗技术

134. 为什么要进行渠道防渗?

灌溉渠道在输水过程中,只有一部分水量可以通过各级渠道输送到田间,为作物所利用,另一部分水量却从渠底、渠坡的土壤孔隙中渗漏到沿渠的土壤中,不能进入农田,为作物利用,这就是渠道渗漏损失。调查资料表明:没有衬砌的土质渠道,其渗漏损失占总引水量的30%~50%,有的可高达60%,也就是说,如果渠道不衬砌,灌溉用水的一半,在渠道输水途中渗漏掉了。

渠道渗漏,不仅降低了渠系水的利用系数,缩小了灌溉面积,而且会抬高灌区地下水位,导致土壤渍害;在有盐碱化威胁的地区,还可能发生土壤次生盐碱化;在提水灌区增加了能耗,从而阻碍灌区农业生产的发展。因此,防止灌溉渠道渗漏,减少水量的损失和浪费,把有限的水资源用好,对灌区农业增产,具有重大的现实意义。

135. 为什么说渠道防渗是高效节省的节水措施?

我国是一个农业大国,有灌溉面积8.56亿亩,每年用于农田灌溉的总水量达4 005亿米^3,约占全国总用水量的70%,目前由于渠道渗漏,每年浪费的水量达1 772亿米^3。

灌区实践表明:渠道的大量渗漏损失,是可以通过渠道衬砌的办法来减少的,据一些灌区资料分析,衬砌渠道的平均渗漏率为不衬砌渠道的1/7~1/4。到2030年,若渠系利用系数能从0.58提高到0.78,则渠系渗漏损失的一半(800多亿米^3)可以通过渠道衬砌而被利用。按我国目前平均亩灌溉用水量660米^{3}计算,可以扩大灌溉面积1.3亿亩。根据全国第三次防渗会议有关资料介绍:渠道防渗每节约1米^{3}水量的衬砌投资为0.16~0.24元,平均0.2元左右。而新建一座水库每立方米水的投资为0.4元左右。可见,渠道防渗节水经济效益十分显著。

136. 减少渠道渗漏主要有哪些措施?

(1)工程技术措施。是对渠床采用工程技术处理,以达到防止渗漏,提高渠道水利用系数的一种方法。工程技术措施包括:①改变渠床土壤渗透性能的措施,如压实法、淤填法、化学生物法等。②在渠床表面修筑防渗层的措施,如采用黏土、三合土、砌石、混凝土、沥青混凝土衬砌,用作渠道防护面防渗,以及塑料薄膜防护等。

(2)管理措施。是保证节水灌溉充分发挥防渗工程作用的基础,花费较少且效益显著。主要包括:①加强工程管理,改建不合理的渠系布局,搞好田间工程配套,加强渠道及其建筑物的维修和养护,保持渠道水流畅通。②实行计划用水,合理调配水量和组织轮灌,改进灌水方法,提高灌水技术。

137. 对防渗工程技术措施的基本要求是什么?

用作渠道防渗的工程技术措施种类较多,选择的基本要求如下:

(1)防渗效果好,一般减少渗漏值不应小于50%~80%。

(2)因地制宜,就地取材,施工简便,造价低廉。

(3)寿命长,具有足够的强度和耐久性。

(4)提高渠道的输水能力和抗冲能力,减小渠道的断面尺寸。

(5)便于管理养护,维修费用低。

其中最主要的是在保证一定防渗效果的前提下,因地制宜,就地取材和采用行之有效的防渗方法。

138. 怎样选择效果好、造价低的防渗技术？

（1）根据渗漏程度，确定衬砌渠段。在修建防渗工程前，应对渠道沿线的土壤质地情况、渠道渗漏程度，进行具体分析或测定，然后确定该衬砌的渠段。对于那些渗漏不严重、衬砌意义不大的渠段，可以暂不衬砌。

（2）因地制宜，择优选定衬砌方案。在确定衬砌渠段的基础上，根据衬砌工程的要求、当地来料情况和可能采用的几种防渗措施，进行多方案的经济分析和技术论证，择优选用能最大限度节约材料和人工，并能取得较好防渗效果的衬砌方案。例如，在含膨胀性黏土蒙托岩地区，采用埋设塑料膜类的柔性衬砌，显然要比用混凝土类的刚性衬砌经济；对于傍山渠道，采用混凝土类的刚性衬砌，由于其允许流速大，渠道曲率半径小而显现其优越性。在土地十分珍贵的地方，则可考虑选用造价较高的地下输水管等。

139. 我国现阶段适用的工程防渗技术有哪些？

随着我国渠道防渗工程的发展和防渗技术的协作攻关，在防渗材料、结构形式、抗冻害研究以及施工机械等方面，都取得了可喜的科研成果，推动了我国防渗技术的发展。现阶段适用的工程防渗技术主要有：

（1）混凝土衬砌技术，尤其是混凝土 U 形渠道的推广应用，发展较快。

（2）膜料衬砌技术。

（3）复合衬砌技术，如塑料薄膜加土加混凝土板衬砌、复合柔毡衬砌、沥青玻璃布油毡衬砌等。

（4）压实土衬砌技术，如黏土夯实、水泥土衬砌等。

140. 怎样用现浇混凝土衬砌渠道？

混凝土衬砌渠道，是目前国内广泛采用的一种渠道防渗形式。它特别适宜于大中型渠道重要渠段的衬砌。它的突出优点是:防渗效果好,能适应高流速,占地少;减少杂草清除和清淤工作量,运行维修费用低,寿命长。现场浇筑混凝土衬砌,应做好以下工作。

(1)断面形式及要素,应根据地质条件和便于施工确定。

(2)结构形式和强度标号。一般为大块现场浇筑平板式,板厚南方地区为5~15厘米,北方地区为10~15厘米,混凝土标号采用100~200号。在板块之间布置横向和纵向伸缩缝,并选用沥青混合物或沥青砂浆油膏等进行填缝。

(3)在地下水位较高的渠段,为了减少对混凝土板的浮托力和防冻,应设置排水垫层或开挖排水暗沟。

(4)施工程序可分为拉线放样、清基整坡、分块立模、配料拌和、浇灌捣筑、光面养护、渠堤处理等七道工序,其中任何一个环节得疏忽大意,都会影响工程质量。

混凝土现场浇筑,对基础要求很严格,如果为土基,要求夯实度达到95%以上,并预留5~10厘米,以便衬砌前再铲除整平。如为膨胀性土基应铲除,置换好土或掺入石灰后夯实。对湿陷性土基用夯实、预浸或灌注泥浆等方法进行处理。

141. 怎样用水泥砂浆喷浆衬砌渠道?

水泥砂浆喷浆衬砌,是采用喷射方法将水泥砂浆覆盖于渠道衬砌位置的方法。多用于渠床边坡较陡、表面粗糙并有细微裂隙的岩石渠道,效果最好。具体做法是:把砂子和水泥干拌后,装进砂浆喷枪,用压缩空气把拌合料从喷枪中通过软管吹送到喷嘴,与压力水混合后高速喷射到需衬砌的渠道表面。水泥砂浆中水泥与砂子的拌和比是1:4.5,水的拌和量以不使水泥砂浆发生塌落为限度,水泥砂浆衬砌厚度为2.5~7.5厘米,如果需要,也可事先在水泥砂浆衬砌内部加钢丝网。

这种衬砌方法的优点是:设备较小,移动方便。喷浆不必像混凝土浇筑那样,要求对渠基断面和渠系位置进行严格整修,在喷浆过程中,可以自行调整。因此,它特别适用于曲线较多、弯度大的渠道。

这种衬砌方法的缺点是：水泥砂浆中不加骨料，水泥用量比混凝土衬砌大得多，一般为400~500千克/米^3，施工进度慢，对操作喷浆设备和控制厚度的要求较高，因此对于大型渠道衬砌工程来说是不经济的。

142. 怎样用混凝土预制板衬砌渠道？

混凝土预制板衬砌防渗，对大小渠道都能适用，在我国各地采用较普遍。与现场浇筑相比，它有以下优点：

(1)可以在现场预制，也可以在工厂生产，有利于采用先进的生产技术和设备，提高预制块的质量。

(2)加速模板周转，可节省模板费用。

(3)受气候条件影响较少，可以缩短衬砌工期，减少施工与引水的矛盾。

(4)局部破坏易于修补，但接缝多，降低防渗效果。

混凝土预制板衬砌的施工顺序：

(1)确定预制板的尺寸。预制板的厚度通常为5~7厘米，宽度和长度根据渠道断面尺寸大小和施工机械等条件而定。一般以两个工人便于手工搬动的重量为度。常用的尺寸(长×宽×厚，厘米×厘米×厘米)为：

印度：　　61×61×5；

巴基斯坦：38×38×5；

葡萄牙：　50×20×6；

中国：　　65×65×8。

(2)断面结构形式。为了保证预制块整体稳定，在铺设断面的坡脚与坡顶应设置混凝土固定齿槽。另外在平行水流方向每隔15~20米设置一道混凝土隔墙，以防止局部破坏的扩大。

(3)预制板的铺设。铺设前，对渠道应清基测量，按设计的断面结构整坡，开挖齿槽，打桩拉线放样。铺设的顺序是自下而上铺设，每一块预制板都要放置平稳。各预制板之间要留缝，缝隙一般为1~3厘米，按要求用砂浆填缝。

143. 怎样用水泥土衬砌?

水泥土是一种经济、实用的新型建筑材料,它主要是由土料、水泥和水按一定比例配合拌匀后,经压实而成的,具有一定的强度和耐久性,便于就地取材,造价低,施工简便,易推广,是一种理想的渠道衬砌材料。它的缺点是:水泥土强度低,现场人工浇捣压实,难以达到要求的干容重,在寒冷地区易遭冻胀破坏,现在很少采用。

水泥土衬砌分水泥土预制块衬砌与现场浇筑两种方式。

(1)水泥土预制块衬砌。

①原材料的选择。以当地土料为主,选用土料的优劣顺序是砾土、砂土、壤土。水泥用硅酸盐水泥和普通硅酸盐水泥,不宜用矿渣硅酸盐水泥和粉煤灰硅酸盐水泥。

②水泥土配合比。水泥:沙:土=8%:50%:42%;或水泥:当地自然土=8%:92%。

③水泥土预制块的施工。预制块的尺寸为24厘米×12厘米×6厘米、31厘米×31厘米×7厘米、31厘米×15厘米×7厘米,把生产预制块用的原材料按比例采用人工或机械拌和均匀,如人工拌和,应先干拌均匀(土+水泥),再用喷壶洒水湿拌,边洒水边拌和,直到均匀。如机械拌和,每50千克的混合料,拌和时间不得少于3分钟。拌和好的料堆放在简单的框模里,用木榧(或铁锤)夯击,打至起浆光面,容重达到2.1吨/米^3。构件成型后用草垫覆盖,24小时洒水养护7~14天,即可使用。

水泥土预制块铺砌施工与混凝土预制块的施工工艺相同。

(2)水泥土现场浇筑。可在沿渠道两旁就地取土料进行破碎,最大土颗粒控制在0.5厘米以下,掺入12%的水泥,拌和均匀后加入22%的水调制成浆。现浇时用铁板锤打平滑,人工搓平,收浆后洒水泥粉抹光,并用草席遮盖养护,适时洒水保持湿润。注意留施工缝,一般1.5~2.0米留一条为宜,既方便施工,又可作伸缩缝。如成型后出现干裂缝,应采用1:5(质量比)水泥土浆填缝,来回批拍抹光,裂缝吻合为止。

144. 怎样用沥青混凝土衬砌渠道?

沥青混凝土是由粗、细骨料,矿粉和沥青混合,经过加热拌和、压实而成的防渗材料。它的优点是:有良好的不透水性、耐久性和柔性,防渗效果可达到85%~95%,成本远较水泥混凝土衬砌低得多,且严冬季节也能施工。

沥青混凝土衬砌渠道,可分为热拌沥青混凝土、冷拌沥青混凝土和沥青预制件衬砌三种方法。

(1)热拌沥青混凝土衬砌。热拌沥青混凝土的材料组成为:沥青6.3%、矿渣填料9.5%、砂51.2%、骨料(砾石)33%。在高温下热拌和后即在渠基上铺筑,压实压平。中小型渠道单层铺设厚度4~5厘米。大型渠道双层铺设,厚度8~10厘米。

沥青混凝土防渗层在温暖地区可不设伸缩缝,在寒冷地区,可沿渠道每隔5~6米设横向缝一条,当渠坡或渠底板宽度大于6米时,要在中间设纵向缝两道,一般采用梯形或Y形缝,填缝材料用聚氯乙烯胶泥或沥青砂浆。

(2)冷拌沥青混凝土衬砌。采用与热拌同样的组成材料,直接在铺筑处混合冷拌并就地进行铺筑压实,进行很好的养护,以便其固结硬化,这种冷拌沥青混凝土的抗冲能力较低,造价略比水泥混凝土低。

(3)沥青预制件衬砌。用与热拌同样的组成材料,做成沥青预制件,板块尺寸为0.5米×0.5米、0.5米×1.0米,板厚4~6厘米,采用平面振动器振压,容重达2.3吨/米^{3}时,可满足防渗要求。预制板的铺设,可用人工也可用机械进行,厚层的沥青预制板可直接用作渠道表层的防渗衬砌,薄层沥青预制毡,一般用作埋藏式的柔性防渗衬砌。由于沥青预制件衬砌使用年限较短,运输成本又高,故而这种衬砌方式是不经济的。

145. 怎样用块石衬砌渠道?

灌溉渠道采用石料衬砌,是就地取材防渗防冲的一种好办法。适用于山区和石料采集方便的地区。仅甘肃、新疆两省(区)已修建的卵石、块石衬砌防渗渠道的长度就有数千千米。石料一般有块石、片石和卵石等,砌筑方法分浆砌和干砌勾缝两种方法。

(1)浆砌块石渠道防渗。是我国目前普遍采用的一种防渗措施。不仅防渗效果好,而且防冲耐磨,坚固持久,施工简便,群众易于掌握。浆砌块石防渗,通常采用护面式和重力墙式两种。前者工程量小,造价低,应用较普遍,后者多用于易滑坡的傍山渠段和石料较丰富的地区,具有耐久稳定和不易受冰冻影响等优点。

浆砌一般采用坐浆与喷浆结合的施工方法,具体做法是:先清基洒水,铺砂浆(为石料厚度的1/5~1/3),再安放石块并用碎石塞缝,最后灌注砂浆。

施工时应注意:①石料使用前应先用水洗刷干净,以利块石和砂浆接合。②砌石应分层砌筑,砌石基础第一层应选用较大块石,上层可选用较小块石,每层厚度25~30厘米,尽量选用与块石面一致的高度,两边面石砌好后,在其中倒入砂浆,砂浆厚度为每层厚度的1/4~1/3,然后填塞碎石块,进行灌浆。③砌筑块石或片石时,应注意将横缝与纵缝相互错开。砌体应洒水养护7天。冬季施工时用麻袋覆盖保温防冻。④地下水位较高的地区,应在砌体下设置排水孔。⑤浆砌块石每隔20~50米,要留一条伸缩缝,宽3厘米左右,用沥青水泥砂浆灌注(质量比为沥青:水泥:砂=1:1:4)。

(2)干砌块石渠道防渗。先将渠床清理,平整和夯实,铺砌前在渠底铺一层厚约5厘米的砂浆垫层,然后将石块安放平稳,并用碎石塞紧,如采用块石衬砌,一般厚度为20~40厘米;如用片石衬砌,其厚度为15厘米,铺砌好后即将平缝上下和立缝左右掏深(厚约3厘米),扫净并洒水湿润,然后勾缝,勾缝时要使泥浆上下左右都与石头紧紧衔接,勾缝后进行养护。由于干砌勾缝防渗效果差,对于防渗要求较高的渠段,不宜采用。

146. 怎样用土工合成材料衬砌渠道？

土工合成材料是一种新型的建筑材料和防渗材料，已在我国特别是在南方地区各地水利工程中应用。它的特点是：抗拉强度高，整体连续性及弹塑性好，重量轻，质地柔软，搬运和施工方便，产品能工厂化生产，具有反滤、隔离、传送和加强等功能。

土工合成材料包括：土工织物、土工膜、土工栅、土工网、塑料薄膜、防水复合柔毡等。如维涤土工织物和土工膜料、XD-103 复合柔毡、宽幅 DM-3F 高密度聚乙烯土工膜及宽幅 DM-8W 聚乙烯土工膜，都是较好的土工合成材料。

土工合成材料在渠道防渗中的应用方法是：①在渠床上开槽铺设土工合成材料后回填土层 30 厘米夯实作保护层，其方法与塑料薄膜衬砌同。②与混凝土板或无纺土工布叠合后进行复式衬砌，衬砌方法与上同。③把土工合成材料直接铺衬在经过整修夯实的渠基上。

147. 怎样进行渠床夯实防渗？

在原土渠上用人工夯实渠床土壤，在渠床表面建立起二层夯实的土料防渗层，是目前灌溉渠道防渗衬砌最常用的形式之一。它的优点是可以就地取材，施工简便，造价低，防渗效果良好，不易产生冻胀破坏。渠床夯实防渗土层有压实土层、疏松填筑土层、带黏土的混合土层、加某些防渗稳定添加剂的混合土层、麦草泥防渗土层等多种形式。

据试验，经过夯实的渠道，一般可减少渗漏量 1/3～2/3。土料压实层越厚，压得越紧密，防渗效果越显著。如陕西省水利科学研究所将渠底黄土夯实 30～40 厘米，减少渗漏量 24%～35%；如将渠底翻松压实 30～50 厘米，夯实容重 1.6 克/厘米^3，可减少渗漏量 70%；如全断面夯实（渠底 30 厘米，渠坡 50 厘米，容重 1.6 克/厘米^3），渠道渗漏损失可由原来的 3.3%减少为 0.13%，渗漏量减少 90%。

施工时，首先应清除渠底和渠坡的杂物，并严格掌握土料的含水量，因为含水量过大或过小，都不易夯实。实践证明，只有使含水量接近最优含水量时,才能获得最大的干容重和最小的透水性。

对于田间农渠、毛渠等小型固定渠道,特别是黏聚性土壤(壤土、黏土和黄土)的渠道,推广夯实防渗,是简便有效的好办法。缺点是耐久性较差,往往由于冻融作用及水流冲刷和渠道清淤等,压实防渗层被逐渐破坏,一般1~2年后即失去防渗作用。黏土夯实是在渠床上铺以黏土或黏土和砂砾石混合物,压实成防渗层,其厚度一般为10~20厘米,斗渠、农渠等较小渠道铺设厚度为5~10厘米,干渠、支渠铺设厚度为15~20厘米,渠底铺设厚度应比渠坡的铺设厚度厚些。据调查,黏土防渗层一般可减少渗漏损失50%~70%,有的可达90%以上,纯黏土的湿胀性和干缩性大,易开裂,需要掺入一定数量的砂砾或碎麦草使用。施工时,对土料应粉碎过筛,加水湿润并与砂砾掺合料搅拌均匀,当黏土晾干到最优含水量时,即可按先渠坡后渠底的顺序铺好拍平夯实。

148. 怎样进行渠道淤填防渗?

在多泥沙水源的灌区,利用渠道水流所含淤泥或黏土颗粒,随着渠道放水,淤填渠床土壤的孔隙,削弱渠床的渗透性,从而减少渠道渗漏的方法,叫作渠道淤填防渗。

在透水性大的砂土和砂卵石渠床以及有细微裂隙的岩石类渠床上采用淤填防渗,效果明显,可减少渗漏量60%~90%,在黄土渠床上采用膨润土挂淤,也能收到良好的效果。淤填厚度2~10厘米。淤填防渗的施工方法有以下几点:

(1)天然淤填法。指上文利用渠道水流中含有的细淤泥或黏土颗粒,淤填渠床土壤孔隙,以减少渠道渗漏的方法,即渠水中含泥沙时,淤填可在自然状态下进行。渠道渗漏损失随着行水时间加长而逐渐减少,尤其是沙质土壤渠床,渗漏损失的减少更为显著,根据陕西省人民引洛渠输水损失测定,天然淤填四年以后的渠道渗漏量减少了一半。

(2)人工淤填法。渠道水流中不含淤填材料,人工加入黏土细粒,从而淤填渠床土壤孔隙,防止土壤渗漏的淤填法。

(3)静水淤填法。在断面较小,比降不大,周期性工作的渠道上修建临时挡水建筑物(如土堤),将渠道分成若干段进行淤填,一般分几次进行,效果较好。具体做法是:将准备好的黏土浆液,沿着渠段整个水面,均匀喷洒,使黏土颗粒沿渠道长度均匀地淤填渠底和边坡,形成良好的淤填防渗层。

(4)动水淤填法。在流动的渠水中,均匀地注入事先准备好的黏土浆液,利用水流运送和淤填渠床。采用此法淤填时,要特别注意黏土浆液的浓度和控制渠水的流速,一般控制在0.05~0.2米/秒。淤填颗粒越细,流速应越小,这是因为渠水的流速越小,则沿途淤填层就越均匀,颗粒在渠中所运行的距离也越远。反之流速过大,会把黏土送到农田或被泄走,达不到淤填目的。

淤填防渗的渠道,也要做好管理养护工作,注意防止渠床淤填层和黏土淤盖层被冲刷和清淤时遭到破坏,并注意勤除草,以保持良好的防渗效果。

149. 化学生物防渗技术有哪几种?

化学生物防渗是利用胶体溶液渗入土壤在一定深度范围内改变土层的渗透性能,使土层表面自身形成不易透水的防渗层。目前采用的主要是钠化法(食盐处理法或土壤的盐泥灌浆护面法)。砂化法和生物化学法,由于材料缺少,造价又高,因此在生产实践中应用不多。

(1)钠化法。此法适用于碳酸盐含量低的黏性土壤,沙性土壤不宜采用。采用此法防渗可减少渗漏量40%~60%,且对渠道杂草生长有良好的抑制作用。在食盐中加入百分比不大的碱性盐类外加剂(如$NaOH$、Na_2CO_3),防渗效果将更好。采用此法技术简单,每平方米渠道需用食盐3~5千克,防渗效果可保持3~5年。具体做法有:①表面式。将食盐液化为浓度不小于15%的盐溶液,用喷洒器喷入预先干燥3~5厘米深的渠道过水断面上,土壤吸收后即能形成表面式的碱化层。喷洒顺序先边坡(从上部开始),后渠底。②埋藏式。先在需要处理的渠床上,铲除10~20厘米厚的表土层,然后用与表面式相同的方法处理露出的土面,最后把铲掉的土覆盖其表面并压实。

(2)生物化学法。对于重黏土、黏土,包括酸性土以及黏性土壤的渠道都适用。具体做法是:将事先切碎的树叶、草、稻草、麦秸等,铺在渠底和边坡上,厚度5~7厘米,再在其上盖10~15厘米厚的土并压实,渠道放水后,压于渠床土下的植物层,被水饱和后,在一定温度下(5摄氏度以上),即可发生生物化学还原(除氧)、分解(堵塞)过程,使土壤逐渐变成有黏性的胶状不透水层,从而降低了土壤的透水性,一般减少渗漏量50%~90%。

150. 为什么要采用U形衬砌渠槽?

U形渠槽是20世纪70年代中期发展起来的一种新型防渗渠道断面形式。U形渠道较梯形渠道、矩形渠道输水损失小,防渗效果好,流速快,输水输沙能力强,抗冻害,投资低,渠道占地少,仅为梯形渠道的1/4~1/3,土方和衬砌方量减少10%~20%,已在陕西、甘肃、宁夏、青海、河南、河北、山东、北京、天津等9个省(市、区)的中小型渠道上推广应用约2万多千米。U形渠道的占地面积、土方量和混凝土工程量比梯形渠道和矩形渠道少得多,从而在工程投资和管理费用上是比较经济的。为了节约投资,加快工程进度,采用U形衬砌渠槽是一种较理想的形式。

151. 什么是复合防渗衬砌?

复合防渗衬砌又叫双层衬砌法,就是在混凝土板或砌石护面下再铺衬一层防渗膜料,从而提高了渠道防渗标准,使防渗效果更理想。如新疆采用在双层封闭型塑料薄膜上铺混凝土预制板、混凝土预制空箱和肋形板组合铺砌,在防渗、抗冻胀方面均取得了较好的效果。又如湖南长沙市采用塑料薄膜加薄土层加混凝土薄板衬砌,不但防渗效果好,每千米渗漏损失量仅为0.03%,且工程造价亦较低,是一种较好的衬砌形式。又如有的地方采用XD-103复合柔毡加混凝土薄板衬砌,塑料薄膜砂浆加混凝土薄板衬砌,聚苯乙烯加混凝土板复合衬砌,混凝土

板下铺设沥青布或泡沫塑料保温板复合衬砌等,也取得了防渗、抗冻胀的好效果。

152. 怎样用塑料薄膜衬砌防渗?

采用塑料薄膜衬砌防渗的突出优点是:质量轻、用量少、运输方便、造价低廉、货源充足、施工简单、便于群众自办,且耐腐蚀、防冻胀,塑料薄膜是一种很有发展前途的防渗材料。缺点是在大气、光、热等作用下,易变硬变脆、老化,受人畜踩踏时易破裂,易被杂草穿透破损等,为此必须在塑料薄膜上设置保护层。

塑料薄膜衬砌有表面式衬砌和埋藏式衬砌两种方式。

表面式衬砌,就是把塑料薄膜铺衬在经过整修夯实的渠床上,施工简便且节省土方量,但当渠道停水后,塑料薄膜暴露在外易老化,使用年限短。因此,这种方法只适用于临时性渠道或小水池,输水前铺上,用后即收回。

埋藏式衬砌,即在渠床上开槽铺设,然后在塑料薄膜上回填土层30厘米夯实,作为保护层。其优点是可减缓塑料薄膜老化,延长使用年限,适用于较大的永久性渠道衬砌防渗。施工程序大体可分为:

(1)基槽开挖。开挖前先清除杂草、树根、碎砖、料姜石、硬土块等,然后清淤开挖断面,并一次达到设计断面厚度,夯实平整,在基槽上口的两肩,各筑宽20~30厘米的戗台或小沟,以便铺压薄膜或将薄膜边缘埋入沟里,以防薄膜下滑。

(2)塑料薄膜加工。按铺设尺寸剪裁并预留3%~5%的伸缩长度,然后将剪裁好的塑料薄膜进行接缝,一般按渠道断面宽一次接够。接缝方法在铺设前多用焊接、黏接和缝接。在现场铺设时多用黏接和搭接。搭接时重叠10~15厘米为宜。

(3)塑料薄膜铺设。铺膜前先检查基槽开挖尺寸是否符合设计高程,不合格的要补修,然后在渠槽表面洒水湿润,顺序进行铺设,以塑料薄膜与基槽紧密吻合和平整为度。

(4)土方回填、夯实。覆盖土层及土方回填的好坏,是塑料薄膜防渗成败的关键,因此要严格掌握回填质量。回填时应注意:回填土里的杂草与树根要捡净,含水量要适当,冻土块与干土块不能用;回填土要分层夯实(每层20~30厘米),其干容重不能小于1.5克/厘米^3;建筑物上下游易受冲刷的渠段,要用其他材料如混凝土块、梢料草泥等衬砌防护。

竣工后通水前,先放小水浸渠(1~2次),发现沉陷、滑坡及时进行修补。初放水时,先放小水再逐渐增大,停水时也要逐渐减小,防止骤涨骤落。经过几次这样的处理后,即可正常使用。

153. 渠道防渗工程有哪些施工机械?

20世纪70年代以来,各地研制和推广了一批衬砌施工机械,对推动渠道防渗衬砌工程,加快施工进度,发挥了重要的作用。主要有:

(1)梯形渠道边坡混凝土振捣衬砌机,浇筑宽度2~3米,行进速度0.6~1米/分。

(2)混凝土U形渠道衬砌系列机械,包括D_{80}、D_{60}、D_{40}、D_{30}型,适用于流量为1米^3/秒以下的U形渠道,每机可浇筑深浅不同的五种断面,一机多用,一次成渠,行进速度为1米/分左右,较人工提高工效10倍左右。

(3)轨道式和自行式混凝土U形渠衬砌机,适用于流量为2.5米^3/秒左右U形渠道的浇筑,不能一次成渠,每次浇筑1米长,先渠底后渠坡分两次成渠,可提高3倍工效。

(4)KU-50U形渠机,用于小型U形渠道开挖,在黏性土壤中使用可一次成渠,渠内不留余土。挖渠断面为U形,半径25厘米,渠深50厘米,渠口宽64厘米,开挖速度:中档137米/时,高档150米/时,挖土量分别为33~36米^3/时。

(5)混凝土喷射机,有69型喷射机和J-50强制式拌和机。

(6)T_S型梯形渠道边坡振捣机。

(7)切缝机。

(8)HZI-40型混凝土真空脱水机组和HZH-60型真空脱水装置,

V_{82} 型气垫薄膜吸垫。

(9) DLA-100 型水泥土压块机,可制成长 32 厘米、宽 32 厘米、厚 3~8 厘米的水泥土块和灰土、三合土等砌块,成型干容重可达 1.85~1.95 吨/米^3。

(10)轻便型制喷泥浆成套设备,适用于渠道、河堤、大坝等进行喷填泥浆作业,从而堵塞裂隙,防止渗漏。

154. 怎样做好防渗渠道的管理养护?

渠道衬砌工程多具有外露面大、砌体薄,且由多种材料构成等特点,它直接受到水流冲击、渠基冻胀以及人、畜等践踏破坏,为此,做好衬砌渠道的管理与维修养护,是维护衬砌工程的完整、充分发挥工程效益、延长使用年限的重要措施。具体做法是:在工程完工后管理部门应针对不同衬砌渠道,制订工程管理运用和维修养护办法,并贯彻执行。

(1)土料渠道的管理养护。要在严寒到来之前,提早放空渠道,使防渗保护层的含水量在冰冻之前降到最低限度。同时做到勤清淤、除草、勤维修,使防渗层和保护面经常处于完整状态。解冻后,春季放水前,要对渠道进行检查,发现洞穴、裂缝,应立即修补处理并夯实。

(2)砌石渠道的管理养护。砌石渠道头一年放水运用时,流量应由小到大,逐渐增加,流量最大不宜超过设计流量的 70%,经过一段时间后达到正常。干砌石渠道的检修,除灌前和灌后进行正常的检修外,在输水期间,也应根据渠道运用情况,进行必要的停水检修,对于易冲坏的部分如弯道的外侧填方段、陡坡段和工程质量较差的渠段,要特别加强管理,对险工段要派专人驻守。

(3)混凝土衬砌渠道的管理养护。在投入使用前,应先放小水后放大水,逐段进行泡水试渠,发现问题及时处理。以后每次放水前后都要认真检查一次,如混凝土是否剥落、裂缝和破坏,伸缩缝是否完好,缝下有无淘刷,基础有无沉陷、冻胀和洞穴隐患,渠槽内有无堆积物及冲淤等现象。放水期间还应检查水流是否平顺均匀、有无壅水现象,填方外坡有无渗水浸湿,发现严重损坏或险工,应及时查找原因,组织人力进行修补，每年停水期间，要进行全面的检查和整修。

(4)塑料薄膜类衬砌渠道的管理养护。塑料薄膜衬砌渠道输水期间要经常检查维修，停水后要进行全面检查维修，特别是在冬季输水后、春季行水前，因冻融而疏松的保护层，应普遍夯实一次，放水时流速不要过大，停水时水位降落不宜过猛，降雨时要防止雨水或地表水入渠以免冲毁保护层，要经常清除杂草和淤积物，使水流畅通无阻。

155. 混凝土衬砌渠道的冻胀破坏是怎么一回事？

在我国北方严寒或寒冷地区，冬季的最低气温常在-30~-9 摄氏度，年均负温天数 107 天，土壤于每年 11 月中旬开始冻结，次年 4 月下旬全部解冻，冻期长达 170 天，冻土最大深度 100 厘米。据银北灌区调查资料，灌区从每年 4 月下旬灌溉开始到 10 月下旬冬灌开始，地下水埋深在 0.7~1.0 米，随着冬灌结束到土壤封冻，地下水位下降到 2.3~2.5 米。但渠道冬灌停水后，表层土立即冻结，在持续负温的气候条件下，冻结过程中水分不断向上补给，使基土冻胀加重，渠道衬砌体受土壤冻胀隆起而错位，造成破坏。到次年春季表层土壤融化时，水分析出，顺坡面下淌，混凝土衬砌板随之塌坡破坏。由此说明衬砌渠道的冻胀破坏，是由于较长的持续负温气候条件、基土的含水量高以及冻结过程中水分的不断补给这三大因素综合作用的结果。

156. 防止衬砌渠道冻胀破坏的技术措施有哪些？

(1)改善基土水分状况的措施。每年冬灌前停灌时间一般应比气温稳定通过零度日(由正温到负温)提前 7~10 天。开灌时间不早于气温稳定通过零摄氏度日。目的是在入冬前，特别是在冬季渠床基土冻结期间，防止或减少地面水和地下水通过渗漏、毛细管上升、水分迁移等途径补给基土中的含水量，以防止或减轻基土的冻胀破坏。具体措施有：①修筑填方渠道，增大渠基与地下水位的距离，以达到切断或削弱地下水和周围地面渗水补给基土水分的目的。②在混凝土板或砌石护面下再衬补一层防渗塑料薄膜，进一步提高渠道的防渗标准，减少渠

道渗漏水对基土的补给。③在混凝土衬砌渠道旁边种植柳树,柳树吸水,既可减少基土的含水量,柳树须根繁茂,又可改变强冻胀性细粒土的结构组成,使之成为理想的非冻胀性须根纤维土。

(2)冻胀性基土的替换措施。即采用非冻胀性土壤与渠床基土换填的办法。如内蒙古采用风积沙换填、淤积沙换填和沙袋换填措施等,在国外也有采用玻璃纤维替换冻胀性土壤的办法,都取得了抗冻胀的好效果。

(3)其他措施。

①结构抗冻法。主要是改善衬砌断面的受力形状或加强衬砌构件在结构上的整体或受力部位。如在衬砌渠道的断面设计中,改梯形断面为梯拱形断面(上部渠坡为梯形,下部渠底部分为拱弧形);或现浇U形渠替代单一的梯形断面。

②膜料防渗。如新疆采用在渠道基土上挖槽埋藏塑料薄膜的做法,以减少对渠基土壤水的补给。

③隔温保温法。采用隔绝或减弱负温的措施,以达到防止或减轻冻害的目的。如新疆在渠道衬砌中采用肋缘型混凝土预制板,除应力较优外,还因铺设后,中间有一层空气隔温,对渠床基土起到了保温和防冻胀破坏的作用。对于衬砌要求高、冻胀破坏严重的渠道,也可采用在混凝土板下铺设厚2~3厘米的泡沫塑料保温板的衬砌形式。

九、农艺节水技术

157. 什么是农艺节水技术？农艺节水技术包括哪些内容？

农艺节水技术是指水进入田间和作物体内以后，为提高水的利用效率和获得高产、优质、低耗而采取的农业技术。

农艺节水技术的内容包括蓄水保墒的耕作技术，适雨种植的作物合理布局，提高作物抗旱能力的栽培技术，秸秆、地膜覆盖的增温保墒技术，采用化学制剂抗旱、保墒与保水剂的应用技术，节水灌溉制度，以及节水抗旱作物品种选育等七个方面。

158. 怎样采用耕作保墒技术，“蓄住天上水，保住地中墒”？

在长期与干旱做斗争中，北方地区农民积累了丰富的抗旱耕作经验。他们根据北方地区春冬干旱少雨、夏秋雨水较多的降水分布特点，在休闲地采用深松犁，只松地不翻地的深松耕做法，深松深度 20 ~ 30 厘米，使地面有一层松软的土层，以接纳较多的雨水，降雨之后及时耙耱保墒，为下茬作物提供充足的土壤水分。

春夏播作物区，采取苗期行间深锄、深刨的方法，刨深 10 ~ 15 厘米，刨后不平整、不打碎，留下鱼鳞坑，雨季可将较多的雨水贮入土壤，并能减少土壤水分的蒸发损失，保住地中墒，为作物创造适宜的水、肥、气、热条件，有利于作物对土壤水分、养分的吸收，使作物根系发达，生

长健壮，从而获得高产。

159. 为什么说“锄头底下有‘火’也有‘水’”？

干旱少雨地区，为了减少表土水分蒸发，在作物生长期间，特别是秋作物苗期，地面裸露较多时，要勤锄、深锄，使作物棵间经常保持疏松的土层，以切断表土的毛细管，抑制毛管水向表层运行，减少了土壤蒸发。试验表明，灌水后或雨后及时锄地与不锄地相比，10 厘米以下土层可增加土壤水分 1%～2%。锄地起到了保墒作用，所以农民比喻说锄头底下有“水”。

北方地区早春麦田地表温度较低，特别是洼涝盐碱地，表土经常处于湿润状态，若早春及时锄地松土，加速表土水分蒸发，群众称之为“亮墒”。由于水的比热大于土壤的比热，含水分多的湿土其比热也就大于干土，当白昼阳光照射到地表时，干土升温就比湿土快，地温就比较高，所以说锄头底下也有“火”。

160. 如何因雨种植，充分利用自然降水？

我国北方地区，年降水量偏少，且年内、年际间差异很大，夏秋雨水多集中在 7～9 月三个月，占年降水量的 60%～70%。因此，这些地区如何根据降水特点，合理安排作物的种植结构，达到雨热同步，更好地利用水、热资源非常重要。

秋播作物小麦、大麦、油菜等生育期正是冬春干旱季节，这些作物对降水的利用率较低，一般只有 30%左右；而春播或夏播作物生育期正是高温多雨季节，有利于作物生长发育，其中春播作物棉花、花生、红薯等生育期较长，对降水的利用率达 70%以上；而夏播作物玉米、大豆等整个生长期均处于降水高峰季节，对雨水利用率更高。因此在水资源严重不足的地区，为充分利用光、热、水资源，应适当压缩秋播作物或灌溉次数较多、用水量较大的作物面积，增播春、夏播作物，减轻旱灾对作物生长的威胁。

161. 什么是秸秆覆盖？

在农田表面覆盖一层秸秆，可以减少土壤蒸发，增加土壤贮水量，使耕作层能长期保持湿润状态，有利于抗旱保苗；同时可稳定土壤温度，使冬季、早春增温，夏季降温，促进作物生长；还能避免降雨的雨滴直接冲击地面，保持土壤结构；下茬作物播种时将秸秆翻入土中，还可增加土壤有机质，改善土壤结构，提高土壤肥力。秸秆覆盖后作物产量比不覆盖一般增产10%～20%，近年来在北方地区大面积推广，已获得显著的经济效益。

秸秆覆盖是将各种作物茎、叶切成10～20厘米的短节，或将打场压碎的麦秸（糠），均匀铺在农田或作物行间及棵间。覆盖时间和覆盖量因作物而异，冬小麦从播种到越冬前覆盖，每亩用量250～300千克；在玉米长出4～5片叶时，在其株、行间每亩覆盖400千克左右；春棉花在5月下旬，夏棉花在7月初，苗高30～40厘米时每亩覆盖300千克；果树在春季经过治虫、施肥、中耕之后，每亩覆盖400～600千克。

162. 地膜覆盖有哪些好处？

地膜覆盖是把聚乙烯塑料薄膜铺在田面上的一种保护性栽培技术。1978年我国从日本引进这项技术，开始仅用于蔬菜、瓜类和经济效益较高的作物，并逐渐推广应用到棉花等大田作物，现在已应用于40多种作物，推广面积达1亿多亩，一般增产30%～50%，已成为干旱地区农业节水增产的一项重要措施。

地膜覆盖能改善作物耕作层水、肥、气、热和生物等诸因素的关系，为作物生长发育创造良好的生态环境。其主要作用是：①提高地温。在北方和南方高寒地区，春季覆盖地膜，可提高地温2～4摄氏度，增加作物生长期的积温，促苗早发，延长作物生长时间。②保墒。覆盖地膜减少土壤水分蒸发，并能促使耕作层以下的水分向耕作层转移，可增加耕作层土壤水分1%～4%，在干旱地区地膜覆盖后全生长期可节约用水100～150米^3/亩。③改善土壤理化性状。地膜覆盖保墒增温，可促

进土壤中的有机质分解转化,增加土壤养分,有利于根系发育。④提高光合作用。地膜覆盖可提高地面气温,增加地面的反射光和散射光,改善作物群体光热条件,提高光合作用强度,为早熟、高产、优质创造了条件。

163. 地膜覆盖技术有哪些要点?

(1)选用无色透明超薄(厚0.07毫米)塑料薄膜,既可减少地膜成本,又有利于透光增温。膜的宽度应根据作物种植方式决定,双行棉的膜宽选用95厘米,单行棉的膜宽选用45厘米。

(2)浇好播前水,足墒播种,施足底肥,平整好土地,根据播种宽度打好垄沟,垄高20~40厘米。

(3)播种后用机械或人工铺膜,注意把膜面展平拉直,膜四周用土压严,每隔2~3米压一锹土防止风吹破膜。铺膜前可喷除草剂消灭杂草。

(4)春季地温回升后,在膜上打孔让幼苗出膜。如打孔后遇雨,表土板结,要及时破除板结层助苗出土。出苗后要及时疏苗、定苗,缺苗的要催芽穴播,或移稠补稀,确保全苗。

(5)地膜覆盖栽培还要注意:①先播种后盖膜的要及时揭膜,避免高温烫苗;②作物根系多分布于表层,对水肥较敏感,要加强水肥管理,防止早衰;③作物生育阶段提早,田间管理措施也要相应提前;④揭膜时间应根据作物的要求和南北方气候条件而定,南方春季气温回升快、多雨可早揭膜,而北方低温少雨地区则晚揭膜,甚至全生长期覆盖;⑤作物收获后,应将残膜捡净,以免污染农田。

164. 什么叫保水剂?它有哪些功能?

保水剂即高吸水性树脂,是一种人工合成的高分子材料。它与水分接触时能吸收和保持相当于自身重量几百倍至几千倍的水分。它能提高土壤保水保肥能力,节约农田用水,改良土壤结构,防止土壤侵蚀,提高种子出苗率,促进作物生长发育,增加产量。

经对甜菜、棉花、西瓜等十几种作物进行试验示,结果表明:保水剂作种子包衣,可使作物早出苗3~5天,提高出苗率5%~15%,增产5%~17%,适用于我国北方干旱、半干旱地区。

保水剂的主要功用是:

(1)提高种子出苗率。保水剂包衣的种子播入土壤后,能立即吸收种子周围的土壤水分,在种子表面形成一层水膜,给种子萌芽提供水分,促使作物出苗整齐、全苗。

(2)提高移栽作物成活率。保水剂的水凝胶蘸于苗木根部,它保蓄的水分可不断提供给根系,在一定时间内,可防止移栽过程中苗木根部失水死亡,提高苗木的成活率。

(3)促进幼苗生长。用XJ-1型保水剂,以0.5%的比例施入各种土壤,能使土壤含水量增加7%~20%,可较长时间供应幼苗生长所需水分,促进幼苗生长迅速,提高扦插成活率。

(4)由于保水剂具有吸水膨胀、失水收缩的作用,施入土壤内可促使土壤疏松,增加土壤孔隙率7%~10%,改善土壤结构。

165. 怎样使用保水剂?

(1)种子包衣。将保水剂与等量的填充剂(滑石粉)混合均匀,按3:100的比例(3千克混合物拌100千克种子),均匀拌撒在先用水湿润的种子上,保水剂立即牢固地黏附在种子表面,稍后即可播种。应注意:干种子喷水量以占种子质量的5%~7%为宜;撒保水剂之前,将种子铺成一薄层,保水剂放在纱布内均匀抖撒;用保水剂处理过的种子,播前也要整地均匀,保证播种土壤水分,提高播种质量。

(2)移栽蘸根。先将保水剂与水按1:150左右的比例配成水胶状,然后将刚挖出并去掉泥土的移栽苗木根系放入水凝胶中蘸后取出,水凝胶均匀黏附在苗木根上即可移栽。运输距离远、时间长的移栽苗木,蘸后可用塑料布扎住根部。

(3)与培养土混用。将占培养土重0.3%~0.5%的保水剂与干培养土混合均匀后即可浇水播种。保水剂用量过少效果不显著;保水剂

用量过多会造成吸水量过大，降低土温，使土壤透气不良，引起烂籽、烂根。

166. 什么是土面增温保墒剂？其功能和使用方法如何？

土面增温保墒剂，为黄褐色或棕褐色膏状物，是一种农田化学覆盖物，又称液体覆盖膜，属油型乳液，成膜物质有效含量30%，含水量70%，加水稀释后喷洒在农田土壤表面能形成一层均匀的薄膜。

土面增温保墒剂具有以下功能：

（1）制剂覆盖土壤表面，能阻挡土壤水分蒸发，减少灌溉次数，节约用水。

（2）土壤水分蒸发要消耗热量，覆盖制剂减少了土壤水分蒸发，也减少了汽化的热量消耗，因而提高了地温。

（3）制剂具有一定的黏着性，覆盖地表等于涂上一层保护层，能避免或减轻农田土壤风吹水蚀。

土面增温保墒剂使用方法如下：

（1）根据种子萌芽温度和播种时的天气确定使用时间，春播作物较正常播期提前10天使用，最好选在晴天上午喷洒。

（2）田块要整平，并尽可能将大土块压碎，否则会影响剂膜完整。喷洒前浇足底墒水，施足底肥。

（3）播种后喷洒制剂前，可均匀平铺上一层草肥，作为种子覆盖物，若不用覆盖物则需将种子压入土中，以免种子裸露地表影响出苗。

（4）每亩用80~100千克制剂，兑水5~6倍稀释，边拌边加水配成乳剂。如水的硬度过高可加少量洗衣粉，以提高药效。

（5）乳剂喷洒前要用纱布或细筛过滤，喷洒要均匀，否则膜厚不均，会造成出苗不齐。

（6）一般喷剂后20~30天不灌水施肥。若后期需要浇水，宜采取小沟灌水，水层不上苗床，延长剂膜增温作用。

该制剂大面积示范推广表明，对各种大田作物，各种林木、蔬菜等可提早出苗6~10天,促进早熟,增产10%~20%,适用于各种作物育苗移栽,大田苗木,树枝的扦插、埋条、嫁接,树苗的长途运输和马铃薯切块播种,以及甘薯剪秧栽插等。还可和某些中性、微碱性农药或除草剂复配使用,以延长药效,提高杀虫、防病、灭草能力。

167. 如何抢墒播种?

抢墒播种就是针对墒情,采取各种办法利用时机,抢时间播种,以达到不误农时,争取苗全、苗壮。抢墒播种方法主要有:

(1)顶凌播种。北方初春气温回升,表土开始解冻,因风大而失墒快。为了保住和利用表墒,在冻土层未完全融化之前,及时顶凌耙耱,并播种耐寒作物,如春小麦、春大麦等,能确保苗全、苗壮。

(2)热犁热种。夏播作物播种期间,正是高温季节,前茬作物收割后,地面裸露,土壤蒸发强烈。此时及时浅耕灭茬保住表墒,抓紧时机施足底肥,抢时翻地、耙地播种,称为“热犁热种”。农谚说:“春争日、夏争时”,夏季热犁热种,既能提早播种,增加作物生长期的光热效应,又能减少表土蒸发,解决苗期土壤水分的需求。

(3)雨后播种。作物适宜播种期,如遇降雨,雨后能进地时,就要抢时播种。对于耐旱作物,小雨后播种层为黄墒也能出苗。若大雨后地过湿,为了不误农时,可深锄放墒,待地皮发白时,耙碎土块播种。但要切忌雨中播种,人畜践踏不利幼苗生长。

168. 如何造墒播种?

(1)坐水起脊播种。在坐水播种后用覆土起埂器或其他工具在行间开沟覆土起脊。开沟深度随作物不同,棉花以3厘米为宜,棉籽上覆土3厘米,土脊高5厘米。起脊后用凹形镇压器镇压一遍。当有70%~80%的种子发芽时,及时去脊耙平,棉籽上剩余覆土厚度不能超过2厘米。土脊能养墒防旱,遇雨还能防止板结,是一种抗旱播种的好办法。

(2)沟浇洇墒垄播。根据水源条件,可用开沟洇墒的方法,宽窄行

播种。先在窄行的中间开沟，沟内浇水，浇后将沟两边垄背上的干土耙入沟内，洇湿耙平，1~2 天后把宽垄上表土耧平，疏松土壤，即可在灌水沟两侧播种。

（3）三湿播种。指地湿（开沟洇地）、种湿（浸种）、粪湿（粪肥加水）的三湿播种。播种前将种子浸水膨胀后捞出，堆积催芽。待种子萌动时播种，可缩短出土时间，早发根提高抗旱能力，有利于保苗。

169. 如何采取育苗移栽法抗旱播种？

在水源紧缺地区，大面积等墒、洇墒将会延误适宜播种期，采用育苗移栽，可分期分批造墒移栽或雨后移栽。

育苗移栽的优点：一是可以早播，春播棉花可在苗床上覆盖地膜，比露地播种期提早 10 天左右，加上用营养钵育苗和精心管理，可培养壮苗；二是苗床面积小，育苗期用水量不大；三是移栽时间比较灵活；四是成熟期稍早，比直播增产。有的作物（玉米、高粱）移栽后一般茎秆矮壮，根系发达，抗旱、抗涝、抗倒伏。

育苗移栽方法很多，一般多用苗床育苗，也有在地边密播育苗，棉花多用营养钵育苗。苗床育苗要抓好育苗、移栽和管理三个环节。苗床播前要浇足底墒水，增施农家肥，播种后苗期不再浇水。对谷类作物（如玉米、谷子、高粱）等还要适当扒根亮埯，控制次生根生长，使幼苗健壮，栽后多发根提高成活率。移栽时要掌握适当苗龄，一般 6~8 片叶，栽后 2~3 天浇缓苗水，及时锄地防止板结。为了提高抗旱播种质量，要精选粒大、粒饱、无病的种子，做种子发芽试验，用药剂拌种防止病虫害。此外还可采用温水浸种催芽，用萘乙酸、九二〇等生长刺激素浸种，提高种子发芽率，促进早出苗。

170. 为什么增施有机肥能提高作物水分利用效率？

增施有机肥可增加农田有机质含量，土壤中有机质经过微生物的分解，合成腐殖质，而腐殖质的胡敏酸可把单粒分散的土壤胶结成具有团粒结构的土壤，使土壤孔隙度增大，容重变小，土壤疏松，通气条件也得到改善。这种具有团粒结构的土壤,能将雨水迅速渗入到土壤中保存起来,既可减少地面径流,又可减轻地表水分蒸发。

增施有机肥提高了土壤肥力,改善土壤结构,增加了“土壤水库”贮蓄水量,起到以肥调水的作用。根据西北农业大学的试验,夏季休闲期间,连续四年增施有机肥的土地,比不施肥的土地每亩增加蓄水量50~60 米^3,小麦增产 1 倍。水分的利用效率,前者为 0.7 千克/毫米,而后者只有 0.38 千克/毫米,提高了 84.7%。

171. 什么是玉米抗旱保苗播种技术?

在旱情频发地区,抗旱保苗播种技术是一项十分关键有效的措施,各项目区根据各地的墒情特点因地制宜地选用合适的抗旱播种方法,能有效解决由于春旱造成的出苗难问题,主要技术内容有:

(1)顶凌播种。在土壤开始解冻,消冻土层达 6 厘米左右时抢墒早播,将种子播到冻土层,充分利用底墒促使种子发芽。

(2)抢墒播种。当地表干土层厚 2~3 厘米、耕地土壤在播前遇雨时,为了避免失墒后难以下种,可将播期提早 10~15 天趁墒播种,但要注意随播随拍实地表,以防跑墒,影响出苗。

(3)引墒播种。播种前 3~4 天打碎土块,用石磙镇压一次,在早晨地皮退潮后播种,随播随搪,防止跑墒,2~3 天后再搪一次,使下层水分逐渐上移,以便发芽出苗。这种方法适用于土块大、底墒差的地块。

(4)提墒播种。若地表干土层较浅(3~4 厘米),可在播种的前天晚上或天黎明时趁露水未干、地面较湿润时,耙耱 1~2 遍,以保住“露水墒”,降低干土层厚度,随后便可用一般方法播种;当地表干土层达3~5 厘米,但底墒较好时,可在播种前采用耙耱或镇压的方法提墒,增加上层土壤的含水量,以促进种子发芽和次生根的生长,提高幼苗的抗旱能力,确保全苗。

(5)借墒播种。当地表干土层超过 5~6 厘米,但底墒仍较好时,可用犁开一条较深的沟,将种子种在沟底的湿土层中,再盖一层湿土;也可先用犁开一沟,然后在沟中再重犁一次,将种子播在湿土内,浅盖土

后轻压,并保留犁沟。借墒播种法可使种子能够吸收土壤下层的水分,出苗好。

(6)造墒播种。当地表干土层超过 10~12 厘米且底墒不好时,为了不耽误农时,就必须采用造墒播种法。应利用一切可能利用的水源进行浇水穴播。穴播时,播种深应为 10~12 厘米,每穴浇水 1.0~1.5 千克,待水下渗后播种,施有机肥并盖土(先盖湿土,后盖干土),以利水、肥集中,确保全苗。

(7)膜侧播种。采用宽窄行种植法,地膜只覆盖玉米窄行,将玉米播在地膜边沿的土壤里,播后及时镇压。膜侧栽培具有与膜内栽培相似的增温、保墒效果,可促进玉米前期快速生长,解决旱地地膜玉米后期因高温干旱而造成的早衰问题。其种植规格为:宽行距 83.3 厘米,窄行距 50 厘米,垄高 5~10 厘米,地膜覆盖在窄行中,种子播于距膜侧 5 厘米处,株距 23~33 厘米,密度为 4.5 万~6 万株/亩,施肥量及田间管理同常规覆膜种植。

(8)地膜双槽覆盖播种。在已整好的田块上,先按玉米种植行距开两条槽,使两槽中间和两边形成槽埂,再在槽埂上覆盖地膜,槽内播种玉米。双槽盖膜后,由于槽内地势低,可形成聚水漏斗,将床面上的降水集聚到苗孔内,便于植株吸收利用,提高降水利用率。

172. 什么是坐水种?适用于哪些场合?

我国北方干旱、半干旱地区,在作物播种时期,由于雨水缺少,常常出现土壤墒情差,含水量低,造成出苗晚或缺苗断垄,甚至不出苗,严重影响农业生产。为了保证出全苗、出壮苗,农民在生产实践中摸索出一套称为坐水种(滤水种)的方法。坐水种和滤水种是分别针对穴播与条播作物而言的。其作业程序是挖穴(开沟)、注水、点种、施肥、覆土和镇压。采用此种方法,可以适时播种,提高播种质量,达到苗齐、苗壮的目的,出苗率可达 95%以上,并能提高抗旱能力,提高肥效,促进早熟增产。据宁夏试验,玉米可增产 15%~20%。根据黑龙江省肇东市玉米产区高、中、低三种类型 6 年的跟踪调查分析,每公顷增产 702.6~

1 463 千克,增产 16%左右,增收 28%。坐水种的技术参数主要是指坐水量和注水深度。

(1)坐水量的确定。坐水量的多少主要依据土壤的干旱程度来确定。表 9-1 列出了黑龙江省肇东市水利局 1986~1991 年间对玉米坐水种试验进行分析得出的坐水量标准,供参考。

表 9-1　不同水文年坐水量标准

水文年	0~30 厘米平均土壤含水量占田间持水量/%	坐水量/(米^3/公顷)
轻旱年	62~70	25.5
中等干旱年	56~62	52.5
重旱年	51~56	75.0
严重干旱年	<51	105.0

(2)注水深度。一方面要考虑播种深度,另一方面要考虑干土层的厚度。一般播种深度为 5 厘米左右,因此注水深度应在此深度以下为宜,以利于与底墒相衔接,增强抗旱能力。

(3)抗旱天数。是对坐水种技术提出的抗旱标准,各地自然条件不同,抗旱天数也有差别。例如:吉林省水利科学研究所的研究成果,以抗旱天数为依据来确定坐水量。在开沟坐水条件下,抗旱天数以 40 天为标准,确定的坐水量为 46.5~60.0 米^3/公顷,相当于表 9-1 中的中等干旱年的标准。

(4)坐水种方式。坐水种的方式不同,所需的机具设备也不尽相同,目前有人工坐水种方式、机械开沟滤水方式及机械注水方式三种。

①人工坐水种方式。这种方式除运水外,其余作业即挖穴、注水、点种、施肥和覆土等全靠人工来完成,完成全部作业程序需 5~7 人,日播种面积 0.3~0.4 公顷,效率较低。

②机械开沟滤水方式。用机械开沟后,将灌溉水用注水管注入沟中,待水渗入土中后,再由人工进行播种、施肥和覆土等作业,一般也需 5~7 人,但作业效率较人工坐水种方式提高 1 倍左右。

③机械注水方式。这种方式又可分为明式注水和暗式注水两种。

明式注水由拖拉机牵引水车,在开沟的同时向沟中注水,待水渗入土中之后,利用播种机进行播种、施肥和覆土等作业。为使上述作业连续进行,在第一条垄上开沟注水时播种机空行,待第二条垄开沟注水的同时,再由播种机在第一条垄上开始作业。这样,依此类推,田间作业效率较前两种方式大有提高。

暗式注水利用暗式注水播种机来实现。这种方式的特点是水在播种位置以下,水不含泥,土不板结。整个作业由两人操作完成,效率较前述方式大大提高,每天可播种 1 公顷以上。目前,全国各地相继研究试制了多种坐水抗旱播种机。

173. 什么是"一条龙"坐水种技术?

"一条龙"坐水种技术是用农业机械将开沟、浇水、播种、施口肥、覆土等多道工序一次完成的综合作业技术。"一条龙"坐水种技术与人工刨埯坐水种相比,突出的优点是:

(1)提高了播种质量,实现了农机与农艺的有机结合。机械开沟、浇水、播种、施口肥、覆土等多道工序一次完成,且水、肥、种播施均匀,满足了种子的要求,出苗整齐。

(2)抗旱时间长,节水保墒效果好。因为"一条龙"坐水种技术是连续施水(条施),整体蓄水性好,不出现硬块,达到同样抗旱效果,施水量可节省 20%~30%。

(3)作业效率高,劳动强度小。"一条龙"坐水种技术整套机具作业时,只需两个人便可操作,省工省力,播种进度快,缩短播种期,相对延长作物的生育期,对中、晚熟品种抗低温、促早熟、防早霜十分有利。

(4)配套机具成本低,一般农民家庭都有能力购置,或者将原有的 2BC-1 型、2BF 型和 2BFS 型的单体播种机稍加改制即可配套使用。使用技术也不复杂,比较容易掌握和操作,只要会使用上述单体播种机,便可运用自如。

(5)该技术适应性强,效益十分显著。这一技术既适用于机起垄地块,又适用于普通"三犁川"打垄地块;与人工刨埯坐水种相比,每亩节约用水1吨左右，节省种子1千克，增产幅度达15%，平均亩增产60千克，同时每亩还节约用工两个以上。所以该技术具有十分广阔的推广应用前景。

174. 什么是旱地玉米垄膜沟种微集水高产种植模式？

农田微集水种植技术是一种田间集水农业技术，它适用于缺乏径流源或远离产流区的旱平地或缓坡旱地。基本原理是通过在田间修筑沟垄，沟垄相间排列，垄面覆膜，实现降水由垄面（集水区）向沟内（种植区）的汇集，以改善作物的水分状况。按集水时间的不同，可分为休闲期集水保墒技术和作物生育期集水保墒技术；按种植模式的不同，可分为微集水单作技术和间作套种技术；按覆盖方式的不同，可分为一元覆盖微集水种植技术（垄覆膜，沟不覆膜）和二元覆盖微集水种植技术（垄覆膜，沟覆膜或秸秆）。该模式采用铧式犁起垄，人工修筑沟垄，使垄面呈圆弧形，沟内平坦，用于播种，用白色或黑色塑料薄膜贴紧垄面并延伸到种植沟两侧10~13厘米，作物种植在膜侧。每100厘米为一个单元，其中沟宽65厘米，垄宽35厘米，垄高20~25厘米，垄上覆膜，沟内种植两行玉米，行距40厘米。垄膜及沟膜采用幅宽60厘米的地膜。此种植技术将耕地分成种植区和集水区两个条带，二者相间排列，降水后集水区产生径流，向种植区汇集，实现雨量增值。

175. 什么是玉米膜下滴灌技术？

玉米膜下滴灌技术是将覆膜技术与滴灌技术两者优点相结合的一种新型灌溉技术，它是在玉米覆膜的同时在垄上膜下铺设一根滴灌带，水、肥通过滴灌带，以液滴形式渗透土壤耕层，可直接供给玉米吸收，使玉米在整个生育期得到充足的水分及养分供应。这项技术具有增温、节水、保肥，改善土壤理化性状，减轻灾害影响，促进玉米生长发育，提高经济性状，增产显著等特点。播种时利用播种铺带覆膜机，一次完成播种、施种肥、铺滴灌带、覆膜的机械化作业。地膜选用幅宽70~75

厘米的超薄膜,每幅种两行,放一条滴灌带,滴灌带选用15毫米的玉米专用滴灌带,每亩施3~5千克磷二胺种肥。播种采用大小行播种,大行距75厘米,小行距30厘米,株距27厘米,亩保苗4 500株以上,播深3厘米左右。研究成果表明,玉米膜下滴灌技术具有增产12%以上,节约肥料34%~40%,节水35%~50%的良好效果。该技术适宜于水资源紧缺的东北地区、西北地区。

十、水肥一体化技术

176. 什么是玉米膜下滴灌水肥一体化技术？

玉米膜下滴灌水肥一体化技术是将玉米覆膜、播种、施肥、施药、灌溉结合在一起的一项农业技术。借助膜下滴灌施肥系统，可达到将养分直接溶解于灌溉水，根据玉米需水需肥规律，将水分和养分同步均匀输送到作物根际附近土壤的目的，实现精确控制灌水量、施肥量、灌溉及施肥时间，显著提高玉米的水资源、肥料的利用效率，达到节本、增产、提质、增效的目的。

177. 玉米膜下滴灌系统技术参数有哪些？

播种时同时铺设地膜和滴灌带，地膜滴灌系统配置离心式过滤器做一级过滤设备、砂石介质式过滤器做二级过滤设备。滴灌带内径 16 毫米，在 0.1 兆帕的压力下，滴头流量为 2.5 升/时，滴头间距 30 厘米，滴灌带间距 110 厘米，滴灌带铺设长度 50～70 米。滴灌带布置在窄行中间处，1 条滴灌带控制灌溉 2 行玉米。选用注射泵式或文丘里式施肥器，注射泵式施肥器一般在系统首部用得较多。滴灌系统灌溉施肥运行模式：前 1/4 时间清水湿润土壤，中间 1/2 时间随水施肥，后 1/4 时间清水冲洗灌溉管网。采用玉米精密播种机覆膜、铺设滴灌带、播种，宽窄行种植，宽行 70 厘米，窄行 40 厘米，平均行距 55 厘米，株距 17 厘米，种植密度为 7 100 株/亩，播种深度 3～5 厘米。采用幅宽 110 厘米、厚度 0.008 毫米的地膜进行全膜覆盖，顺玉米行间布置膜下滴灌。

178. 西北绿洲灌区玉米膜下滴灌的水肥管理方案是什么?

根据土壤计划湿润层的实际贮水量与田间持水量土壤贮水量的差值确定灌水量。在玉米关键生育时期(抽雄—乳熟期)灌溉至田间持水量,玉米生育前期及后期灌溉至田间持水量的87%。西北绿洲灌区春玉米不同生育期土壤计划湿润层深度为苗期30厘米,拔节期60厘米,抽雄期、灌浆期和成熟期80厘米。

灌溉启动时间:播种后1天,根据播前土壤(0~20厘米)贮水量灌适宜量的出苗水,以保证种子均匀、快速萌发。其余生育期在相对含水量达灌溉下限值时启动滴灌系统进行灌溉。绿洲灌区春玉米灌溉间隔10~15天,灌水定额55~65毫米(见图10-1)。

(a)春玉米播种与滴灌带铺设

(b)田间过滤与施肥系统

(c)苗期滴灌带布设与墒情监测

(d)玉米拔节期田间管理

图10-1　西北绿洲灌区玉米膜下滴灌技术

(e)玉米喇叭口期滴灌灌溉

(f)玉米抽雄期滴灌追肥

续图 10-1

179. 什么是黄淮海冬小麦-夏玉米畦灌节水技术?

冬小麦-夏玉米畦灌节水技术是利用土埂将耕地分隔成长条形畦田,灌溉水从毛渠、输水管道或输水沟输入畦田中,水流在畦田上形成薄水层,借重力作用沿畦长方向流动并浸润土壤的灌溉方法。通过定期测定土壤含水量,依据计划湿润的土层深度土壤水分适宜下限指标,确定作物不同生育期灌水时间和灌水量。

180. 畦灌节水技术要点有哪些?

(1)畦田规格。

整地时平整畦面,打好畦埂。畦田坡度宜在1‰~5‰,畦埂高度宜在 15~20 厘米。畦宽应与农机具作业要求相适应,一般在 2. 8~3. 6 米。畦长应根据灌溉水源、土壤质地、田面坡度等因素确定,对于井灌区,壤土一般控制在 50~70 米,黏土一般控制在 60~80 米,砂土一般控制在 40~60 米;对于渠灌区,畦田长度可适当增大,壤土一般控制在 60~100 米,黏土一般控制在 80~120 米,砂土一般控制在 50~80 米。

(2)配水工程。

畦灌的田间配水工程有渠道系统配水和低压管道系统配水两种形式。渠道系统应符合《渠道防渗衬砌工程技术标准》(GB/T 50600—

2020)的规定;低压管道系统应符合《管道输水灌溉工程技术规范》(GB/T 20203—2017)的规定,当给水栓间距超过50米时,宜配套地面移动软管。

(3)灌溉水源水质。

灌溉水源应选择水量充足、无污染的地表水或地下水,灌溉水质应符合《农田灌溉水质标准》(GB 5084—2021)的规定。

(4)土壤水分测定。

利用烘干法或土壤水分测定仪,于播种前1~2天测定0~20厘米土层的土壤含水量,测定方法按《灌溉试验规范》(SL 13—2015)的规定。冬小麦和夏玉米生育期内的土壤含水量测定,拔节前每10天测定一次,拔节后每7天测定一次。具体测定方法按《灌溉试验规范》(SL 13—2015)的规定;不同生育期土壤含水量测定深度按照计划湿润层深度进行。每次测定完成后,计算计划湿润层深度内平均土壤相对含水量,计算方法按《灌溉试验规范》(SL 13—2015)的规定。

181. 夏玉米畦灌节水技术的灌水量一般是多少?

井灌区每次灌水量宜控制在45~60米^3/亩;渠灌区一般不超过75米^3/亩。如无灌溉用水计量设备,可用改水成数进行控制,改水成数宜在0.75~0.9。畦田越长、入畦流量越大,改水成数越小;反之,应适当增大改水成数。根据土壤计划湿润层的实际贮水量与田间持水量土壤贮水量的差值确定灌水量。入畦流量宜控制在3~6升/秒。水源流量不超过60米^3/时每次只灌一畦,水源流量超过60米^3/时可增加开口数。当水源流量过小,畦田较长时,应对畦田进行分段灌溉。畦灌节水技术比传统地面灌溉可节水20%以上,增产10%~20%(见图10-2)。

182. 水肥一体化设施的首部枢纽如何布置?

根据水源情况,选择离心泵或潜水泵。按照系统设计扬程和流量选择相应的水泵型号,应超过系统正常工作所需最大扬程和最大流量5%~10%。井水宜选用离心过滤器+筛网过滤器或叠片过滤器;库水、

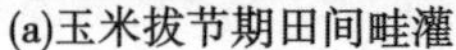
(a)玉米拔节期田间畦灌

(b)玉米大喇叭口期田间畦灌

图 10-2　夏玉米畦灌节水技术

塘水及河水根据泥沙状况、有机物状况,配备离心式过滤器或砂介质过滤器+筛网过滤器或叠片过滤器。肥液储存罐宜选择塑料等耐腐蚀性强的;施肥器可选择压差式施肥罐、文丘里施肥器、比例式施肥泵、注肥泵等。进排气阀和逆止阀的选用依据首部管径大小而定。控制设备主要包括闸阀、蝶阀、球阀等,根据首部管径大小和用户需求选择适宜的控制阀门。水泵流量超过灌溉区实际水量的 10%,应安装变频控制柜,变频控制柜的功率应大于水泵的额定功率。根据系统流量和管径选择相应水表型号,通过计量实现定量灌溉,水表的精度为 0.001 米^3。在过滤器前后分别安装压力表,应选择比系统最大水压高 15%的压力表,压力表的精度为 0.01 兆帕。

183. 玉米滴灌的输配水工程需要注意什么?

玉米滴灌的输配水工程包括干、支、毛三级管道,可埋入地下也可放在地面。干管宜采用聚氯乙烯(PVC)硬管,管径 90~125 毫米,管壁厚 2.0~3.0 毫米,承压 0.6 兆帕。支管宜采用聚乙烯(PE)软管,管径 40~60 毫米,管壁厚 1.0~1.5 毫米。毛管根据土壤类型沿作物种植平行方向铺设,与支管垂直。采用膜下滴灌精量施肥播种铺带覆膜一体机,铺设长度不超过 50 米,滴灌带铺设在窄行,采用“一带管二行”模式。内镶式滴灌带宜采用聚乙烯(PE)软管,管径 15~20 毫米,管壁厚 0.2~0.4 毫米,出水口间距为 20~30 厘米,流量为 2~3 升/时。

184. 东北玉米膜下滴灌的灌溉和施肥制度是什么?

播种完毕后,及时滴20毫米出苗水;苗期和拔节期共灌水2~4次,单次灌水定额20毫米,并随着苗的生长而逐渐增多;东北春玉米在大喇叭口期和授粉前是关键需水期,单次灌水定额25毫米,灌水周期7~10天,共灌水3次。全生育期共灌水8~10次,灌水定额185~225毫米。施种肥:建议以有机肥为主,化肥为辅,氮、磷、钾肥配合施用,如种肥二铵15千克/亩、硫酸钾7.5千克/亩。追肥原则:以氮肥为主配施微肥,氮肥遵循前控、中促、后补的原则。整个生育期借助滴灌系统随水追肥3次。第一次,幼苗期7~8千克/亩;第二次,大喇叭口中期8~10千克/亩;第三次,抽雄后10~12千克/亩。

185. 什么是东北春玉米浅埋滴灌水肥一体化技术?

东北春玉米浅埋滴灌水肥一体化技术是指播种时将滴灌带埋在地表下2~3厘米,然后将地下滴灌带与地上支管相连实现水肥一体化精准管理。浅埋滴灌仅湿润作物根部附近的部分土壤,不破坏土壤结构,湿润区土壤水、热、气、养分状况良好,减少土壤表面蒸发、节约用水。工作压力低,可以结合施肥,均匀、定时、定量浸润作物根系发育区,供根系吸收。

186. 如何制订东北浅埋滴灌春玉米的灌溉制度?

根据土壤墒情确定,保证灌水用量与玉米生育期内降水量总和要达到500毫米以上。播种完毕后,及时滴水出苗,滴水30毫米;苗期和拔节期计划灌水2~4次,单次灌水定额30毫米,并随着苗的生长而逐渐增多;在大喇叭口期和授粉前的关键需水期,单次灌水定额30毫米,灌水周期7~10天,计划灌水3次;在授粉完毕后,再适当灌2次水,单次灌水定额30毫米。全生育期共灌水7~10次,灌水定额210~300毫米。

187. 东北浅埋滴灌春玉米的种植模式和施肥制度是什么？

选用浅埋滴灌精量施肥播种铺带一体机，采用宽窄行种植模式，一般窄行 40 厘米，宽行 80 厘米。滴灌带铺在窄行带中间距地表 1~3 厘米处。根据品种特性、土壤肥力状况和积温条件确定种植密度，一般播种密度 4 500~6 000 株/亩。施种肥建议以有机肥为主、化肥为辅，氮、磷、钾肥配合施用，如种肥二铵 15 千克/亩、硫酸钾 7.5 千克/亩。追肥原则：以氮肥为主配施微肥，氮肥遵循前控、中促、后补的原则。整个生育期借助滴灌系统随水追肥 3 次。第一次，幼苗期 7~8 千克/亩；第二次，大喇叭口中期 8~10 千克/亩；第三次，抽雄散粉后 10~12 千克/亩。浅埋滴灌比传统灌溉平均节水 20%~30%，水分利用效率提高 10.4%，增产 5.6%，单产平均达到 900 千克/亩，增收 160 元/亩左右。

188. 什么是华北夏玉米微喷灌水肥一体化技术？

华北夏玉米微喷灌水肥一体化技术是将肥料溶解在水中，借助水泵和压力管道系统，以低压小流量喷洒出流的方式将灌溉水及肥料供应到作物根区土壤的一种灌溉方式，实现玉米按需灌水、施肥，适时适量地满足作物对水分和养分的需求，提高水肥利用效率，达到节本增效、提质增效、增产增效的目的。

189. 华北夏玉米微喷灌田间工程需要注意什么？

（1）首部枢纽。

可参照 182. 水肥一体化设施的首部枢纽如何布置相关要求。

（2）输配水工程。

输配水工程包括干、支、毛三级管道，可埋入地下，也可放在地面。干管宜采用聚氯乙烯（PVC）硬管，管径 90~125 毫米，管壁厚 2.0~3.0 毫米，承压 0.6 兆帕。支管宜采用聚乙烯（PE）软管，管径 40~60 毫米，管壁厚 1.0~1.5 毫米。毛管根据土壤类型沿作物种植平行方向铺

设,与支管垂直。铺设长度不超过 80 米,根据喷幅每 1.8~2.4 米(沙土地选择 1.8 米,黏土地选择 2.4 米)铺设一条直径为 40~63 毫米的微喷带。微喷带宜采用聚乙烯(PE)软管,管径 40~60 毫米,管壁厚 0.4~0.5 毫米,每米流量≥60 升/时。

(3)灌溉施肥系统。

每次工作前先用清水灌溉 3~5 分钟,可通过调整阀门的开启度进行调压,使系统各支管进口的压力大致相等,待压力稳定后再开始向管道加肥。施肥结束后,继续喷清水不少于 10 分钟。系统应在正常工作压力下运行。支管压力保持在 0.15~0.25 兆帕。系统运行一段时间后,应根据管道系统堵塞情况进行清洗。清洗时,依次打开毛管末端堵头,使用高压水流冲洗干、支管道。当过滤器出口压力表压力高于进口压力 0.01~0.02 兆帕时,应及时清洗过滤器,使用的离心过滤器需要及时进行排沙处理。

190. 华北微喷灌夏玉米的灌溉时间和灌溉量如何确定?

灌溉时间依据作物根层土壤水分确定。当作物不同生育时期土壤计划湿润层内的平均相对含水量降到作物正常生长发育所允许的土壤水分下限时,进行灌溉。每次灌水量 20~25 米^3/亩。冬小麦和夏玉米生长发育进程确定按《灌溉试验规范》(SL 13—2015)的规定。

夏玉米不同生育期适宜的土壤水分下限和土壤计划湿润层深度见表 10-1。

表 10-1　夏玉米不同生育期适宜的土壤水分下限和计划湿润层深度

生育时期	播种	苗期	拔节	抽雄	灌浆
土壤水分下限/%	70~75	60~65	65~70	70~75	60~65
土壤计划湿润层深度/厘米	20	40	60	60	60

191. 华北微喷灌夏玉米的施肥时间及施肥量如何确定？

肥料推荐用量为：纯氮（N）12～16 千克/亩、磷（P_2O_5）6～7 千克/亩、钾（K_2O）5～7 千克/亩，适量补充中、微量元素肥料。施肥原则：以氮肥为主配施微肥，氮肥遵循前控、中促、后补的原则。氮肥基追施比例为 4∶6，其中 40%的氮肥作为种肥播种时施用，60%的氮肥在拔节期、大喇叭口期、抽雄吐丝期或灌浆初期随水追施。全部磷肥作为基肥施用。钾肥基追施比例为 6∶4，追施钾肥在大喇叭口期、抽雄吐丝期或灌浆初期随水追施。微喷灌具有很好的节水增产效果，比传统灌溉可节水 30%以上，提高化肥利用率 30%以上，增产 20%，增收 15%，节省用工 35%以上。

192. 什么是华北夏玉米滴灌水肥一体化技术？

夏玉米滴灌水肥一体化技术是通过滴灌系统利用塑料管道将水通过直径约 10 毫米毛管上的孔口或滴头送到作物根部进行局部灌溉，同时将肥料溶解在水中，借助滴灌带进行灌溉与施肥，将水分、养分均匀持续地输送到作物根部附近的土壤，实现夏玉米不同生育期按需灌水与施肥，适时适量地满足作物对水分和养分的需求，提高水肥利用效率，达到节水减肥、提质增效、增产增效的目的。

193. 华北地区夏玉米滴灌田间工程需要注意什么？

（1）水源准备。

灌溉水源应选择水量充足、无污染的地表水或地下水，灌溉水质应符合《农田灌溉水质标准》（GB 5084—2021）的规定。

（2）田间工程。

①首部枢纽。

可参照 182. 水肥一体化的首部枢纽如何布置相关要求。

②输配水工程。

可参照183. 玉米滴灌的输配水工程需要注意什么相关要求。

③灌溉施肥系统。

每次工作前先用清水灌溉3~5分钟,可通过调整阀门的开启度进行调压,使系统各支管进口的压力大致相等,待压力稳定后再开始向管道加肥。施肥结束后,继续滴清水不少于25分钟。系统应在正常工作压力下运行。支管压力保持在0.08~0.12兆帕。系统运行一段时间后,应根据管道系统堵塞情况进行清洗。清洗时,依次打开毛管末端堵头,使用高压水流冲洗干、支管道。当过滤器出口压力表压力高于进口压力0.01~0.02兆帕时,应及时清洗过滤器,使用的离心过滤器需要及时进行排沙处理(见图10-3)。

(a)施肥灌

(b)玉米拔节期施肥

(c)玉米喇叭口期施肥

(d)比例施肥系统

图10-3　华北地区夏玉米滴灌技术

194. 华北夏玉米滴灌如何灌水、施肥？

灌水时间依据作物根层土壤水分确定。当作物不同生育时期土壤计划湿润层内的平均相对含水量降到作物正常生长发育所允许的土壤水分下限时，进行灌溉。每次灌水量20～25米^3/亩。夏玉米生长发育进程确定按《灌溉试验规范》(SL 13—2015)的规定。肥料推荐用量为：纯氮(N)12～16千克/亩、磷(P_2O_5)6～7千克/亩、钾(K_2O)5～7千克/亩，适量补充中、微量元素肥料。施肥量与施肥时间可参照191.华北微喷灌夏玉米的施肥方案。

十一、节水管理技术

195. 节水管理技术对农业丰产有什么重要意义？

为了满足不断增长的对农产品的需求，必须进一步扩大农田灌溉面积，但由于水资源和资金的限制，预计平均每年节水灌溉面积递增约1%，不足以抵偿人口增长的需要。因此，必须把主要精力放在改善现有灌溉设施及其管理水平上，以求通过节约用水来提高灌溉农田的用水标准，达到进一步提高产量的目的，即常说的着重从现有灌区的内涵上下功夫，这将是一件具有战略意义的大事。所以需要对旧灌区实施以节水为主要内容的技术改造，加强灌区管理的物质、技术基础，不断提高用水管理水平，逐步实现节水管理技术的现代化，利用已经具备灌溉条件的优势，把已有灌区普遍建成高产、优质、高效的农业生产基地。不断提高节水管理技术水平，无疑是进一步发展我国农业生产的一条重要途径。

196. 节水管理技术包括哪些内容？

一般来说，节水管理技术包括硬件和软件两部分。节水管理技术的硬件方面有：

(1)旧渠的衬砌防渗；

(2)以节水为目的的田间工程改造；

(3)喷灌、滴灌等新灌水技术的采用；

(4)输配水水位、流量调节控制设施的改善与监测；

(5)输配水与灌水水量量测设备的设置与改善；

(6)水源和农田生态环境监测及保护设施的设置与改善；

(7)集中控制设施的建立与改善。

节水管理技术的软件方面有：

(1)灌溉系统的优化调度与跟踪评估；

(2)以节水丰产为目标的农田优化配水方案；

(3)编制节水灌溉制度；

(4)农田用水的预测预报；

(5)水资源的合理开发调度方案。

197. 灌溉节水与灌溉水费是什么关系？

水费是灌溉工程维持再生产的一个基本条件,在计划经济体制下,长期以来我国灌溉用水一直实行着水的售价低于成本的水费政策。在逐步建立社会主义市场经济体制的今天,由于种种原因,水的商品属性问题也尚未从理论上得到根本解决,因而水费虽有所提高,但仍然低于全成本核算的水平。不仅灌区工程设施的更新与技术改造无法依靠自身的积累,还必须由国家或集体第二次投资,造成了普遍存在的水的浪费现象。水不值钱,使农业用水户的节水意识难以形成;缺少投入,使灌区实现节水的物质技术基础也相当落后。虽然由于经济的发展和人口的增长,水资源的供求矛盾已经比较尖锐,但缺水与用水浪费并存的怪现象,尚难以得到摆脱。

实现灌溉节水,必须建立一种节水的机制,这就不能不运用经济杠杆,把水这个特殊商品纳入社会主义市场经济体制的轨道。只有当水价提高到它应该达到的水平时,才能对用水户节约用水起到鼓励作用。水管理部门也可以按市场经济体制的特点,多水年水销售疲软时,采取下浮水价促销,少水年则可以上浮水价,以控制水的分配更加合理。同时可以通过灌区自身的水费积累,解决节水型技术改造所需资金,建立起可以有效实施节约用水的物质技术基础。

198. 什么是灌溉系统水量的优化调度?

灌溉水从水源流到田间,一般都要经过干、支、斗、农等许多级灌溉渠道,由于各级渠道的长短不一,水流到灌区上、中、下游灌溉田块所需的时间也不一样,再加上水源来水量和作物需水量有时多、有时少,要全面、及时满足全灌区用水需要,既要力争丰产,又要节约用水,这里显然就有一个灌溉系统水量的合理调度问题。如果应用系统工程手段选择最佳调度方案,就叫作优化调度。所以灌溉系统水量的优化调度,一般是在已知某时段水源可供水量和作物某生育阶段需水量及水分生产函数的情况下,根据灌区各级输配水渠道的技术参数和灌溉农田及作物的分布情况,以输配水过程中水量损失较小,而增产值较大为目标,编制水量优化调度方案。

199. 什么是优化配水?

优化配水是在配水渠道(一般指斗渠、农渠)控制范围内,水量不足时,为取得较高的总产量而制订的最佳配水方案。

不同作物和不同品种,其水分生产函数都有一定的差异,再加上作物配置不同,在水量不足时要取得全灌区各条配水渠道控制范围都达到总产量最高的结果,是一个非常复杂的系统工程问题,必须依靠优化技术和电子计算机技术,才有可能解决好。在现阶段配水渠道均由乡或村实行管理的条件下,普遍推行优化配水的条件还不具备。

200. 怎样使用三角形量水堰?

三角形量水堰结构简单,造价低廉,在小于 0.1 米^3/秒流量条件下测量精度较高,一般适用于比降较大或有跌差的小型渠道上。这种量水堰的过水断面为顶角向下的三角缺口,可制成 20 度、45 度、60 度、90 度及 120 度等不同的角度。通常大多采用直角三角形量水堰。

三角形量水堰的堰口一般用薄钢板制成类似刀口、由一面切削成刀口的锐缘,倾斜面朝向下游,堰体可用木板或钢丝网混凝土薄板做成,把堰口镶在堰体上,也可全部用硬质塑料板制成。三角堰堰口口缘必须保持在同一平面上,无扭曲现象。安装三角形量水堰时,必须符合下列要求:

(1)堰口两侧与渠坡的距离及顶角与渠底的距离,不得小于过堰最大水深。

(2)堰体应保持垂直,堰壁应垂直于渠道水流轴线,堰体中线与水流轴线吻合。

(3)堰体两侧及底部不得有漏水现象。

(4)安装位置与各级渠道建筑物的距离,不得小于渠道正常水深的2~3倍。

(5)水尺安装在堰板上下游3~4倍最大过堰水深处,如经试验,误差不大时,上游水尺可直接安装或绘在堰口侧板上。水尺零点高度与堰口顶角高度相同,水尺最小刻度为5毫米。当水流是自由流时,可以将相应于过堰水头的流量数值绘在水尺上,以便直接读出流量。

(6)在不影响渠道过水能力的情况下,可适当提高顶角高程,形成下游水位不高于顶角的自由流,便于流量计算。

直角三角形量水堰的流量,可用下列公式计算:

自由流时(下游水位低于堰口顶角)

$$Q = 1.343H^{2.47} \qquad (11\text{-}1)$$

式中 Q——过堰流量,米^3/秒;

H——过堰水深,米。

潜流时(下游水位高于堰口顶角)

$$Q = 1.4\sigma H_{2.5} \qquad (11\text{-}2)$$

式中 H——上游水尺读数,米;

σ——潜没系数。

$$\sigma = \sqrt{0.756 - (h/H - 0.13)^2} + 0.145 \qquad (11\text{-}3)$$

式中 h——下游水尺读数,米。

根据式(11-1)~式(11-3),在一般量水手册中已制成水位-流量表,供量水时直接查用。

201. 怎样使用梯形量水堰？

梯形量水堰的过水断面呈上宽下窄的梯形缺口，堰口侧边通常为4:1(竖:横)的斜边，呈锐缘形状，缘口倾斜面朝向下游。当流量在0.1~1.0米³/秒时，精度较高。虽然其结构简单，造价低廉，易于制造，观测方便，但因壅水较高，水头损失较大，适用于含沙量小、尺寸比较大的渠道。安装时注意事项与三角堰大致相同。

梯形量水堰的流量按下列公式计算：

(1)自由流时(下游水位低于堰槛)

$$Q = 1.86BH^{1.5} \tag{11-4}$$

式中 Q——流量，米³/秒；

1.86——流量系数，当来水流速大于0.3米/秒时，采用1.9；

B——堰底宽度，米；

H——过堰水深，米。

(2)潜流时(下游水位高于堰槛，且上、下游水位差与槛高之比小于0.7)

$$Q = 1.86\sigma_n BH^{1.5} \tag{11-5}$$

式中 σ_n——潜没系数。

$$\sigma_n = \sqrt{1.23 - (h_n/H)^2} - 0.127 \tag{11-6}$$

式中 h_n——下游水位高出堰槛的水深，米。

根据堰槛宽度，利用式(11-4)~式(11-6)，在一般量水手册中已计算出不同水位-流量关系表，可直接查用。

202. 怎样使用巴歇尔量水槽？

巴歇尔量水槽具有水头损失较小、壅水高度不大、不易淤积等特点。因此，量水精度较高，在含沙量大而尺寸比较小的渠道上仍然适用。

巴歇尔量水槽由进水段、喉道及出水段三部分组成，其各部分关系如图11-1所示。结构较为复杂，造价较高，可用木、砖、石或混凝土等材料制成,既可以做成固定式的,也可以做成预制构件,临时装配。

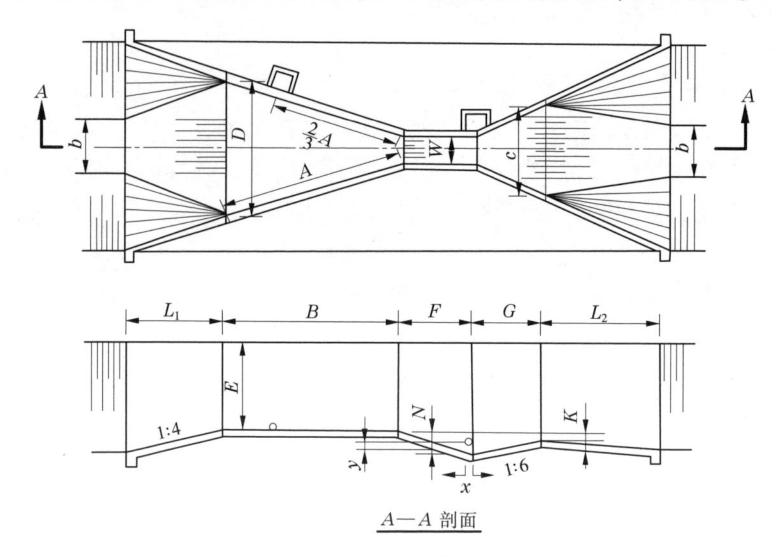

图 11-1　巴歇尔量水槽结构示意图

由于量水槽内流速较大,喉道中水面的波动也大,测定上、下游水位的水尺,应安设在槽壁后与量水槽连通的观测井内。井底比槽槛要高 20~25 厘米,连通管的中心线应高出槽底 3 厘米。上游、下游水尺零点高度与槽底高度应在同一水平面上。

用巴歇尔量水槽量水,当水流为潜流时,流量计算比较复杂,精度也低,甚至不能用。故应设计成自由流,使下游、上游水尺读数的比值小于 0.7。在这种条件下,巴歇尔量水槽的流量计算公式为:

$$Q = 2.4WH_a^{1.57} \tag{11-7}$$

式中　Q——流量,米^3/秒;

W——喉道宽,米;

H_a——上游水尺读数,米。

式(11-7)适用于 W=0.5~1.5 米,在一般量水手册上有现成的 W-H_a-Q 表,可直接查用。

203. 怎样在 U 形渠道上使用无喉段量水槽?

无喉段量水槽是断面束窄后呈抛物线形喉口,喉段没有长度,喉口前后做成渐变段,以便于与 U 形渠道衔接。

抛物线形喉口的形状方程为:

$$y = Px^2 \tag{11-8}$$

式中 y、x——纵横坐标,厘米;

P——抛物线形状系数,厘米$^{-1}$。

$$P = 16\frac{H^3}{9\varepsilon^2 A_0^2} \tag{11-9}$$

式中 H——U 形渠道深度,厘米;

A_0——U 形渠道断面面积,厘米^2;

ε——抛物线形喉口断面与 U 形渠道断面的面积比,即收缩比。

在量水槽为自由流的条件下,渠道比降为 1/1 000~1/100 时,ε 为 0.60~0.65;渠道比降为 1/6 000~1/1 000 时,ε 为 0.45~0.60。

量水槽进口收缩渐变段长度 $L_1 = 3(B-b)$,出口扩散渐变段长度 $L_2 = 6(B-b)$,式中 B 为 U 形渠道上口宽,b 为抛物线形喉口顶宽。槽前水尺距喉口断面的距离为 $L = L_1 + 2h_{max}$,式中 h_{max} 为槽前最大水深。水尺可直接绘制在 U 形槽壁上,水尺位置的渠底与抛物线形喉口底部齐平。水尺零点应高于喉口底部 2~5 毫米。

这种量水槽的流量计算公式为:

$$Q = C_1 C_v h^2 / \sqrt{P} \tag{11-10}$$

$$C_v = [a_0 C_1^2 C_v{}^3 h^3 / (1 + 2gPA^2)]^2 \tag{11-11}$$

式中 Q——流量,米^3/秒;

C_1——流量系数,取值 0.21~0.22;

h——水尺读数,米;

P——抛物线形状系数,厘米$^{-1}$;

C_v——行近流速修正系数;

a_0——行近流速分布不均匀系数,行近渠顺直且长时可取 $a_0 = 1.0$;

g——重力加速度，$g=9.8$ 米/秒^2；

A——行近渠中水深为 h 时的过水断面面积，米^2。

204. 怎样使用底槛量水堰？

底槛量水堰也叫简易量水堰，是在渠底垂直水流方向设置一有一定高度和宽度的底槛，使上游形成壅水，并使过槛水流成为自由流，保证下游水深不超过上游水深的80%。因此，必须按渠道预期通过的最大流量和下游相应的渠道水深来选择适宜的底槛高度和宽度。水尺位置应放在堰槛上游能避开水面降落影响的最近距离处。

与巴歇尔量水槽和无喉段量水槽一样，这种量水堰的设计、施工及水尺的选型安装等，都应在工程技术人员的指导下完成。

使用时，通过上游水尺读数，求得过槛水深和流量，并制成流量-水位关系曲线或关系表备用。

底槛量水堰结构简单、造价低廉，适用于平原地区含沙量小的小型渠道，且具有观测简便、水头损失小等优点。

205. 水力自动闸门是怎么回事？

自动闸门是自动调节控制渠道水位流量的重要装置。按驱动能源区分，常用的有水力自动闸门与电气自动闸门。水力自动闸门又分为上游常水位水力自动闸门和下游常水位水力自动闸门。

(1)上游常水位水力自动闸门是在通常采用的弧形闸门上设置浮箱和配重箱，借水的浮力和闸门自重进行自动控制，保持闸前水位不变。闸门运行时，如闸前来水量增加，闸上游水位升高，作用于浮箱上的浮力增大，开闸力矩大于关闸力矩，闸门开大，上游水位降低；当下泄流量大于来水量时，上游水位也随之降落，浮力减小、关闸力矩增大，闸门关小，上游水位升高。只有当闸上游来水量等于闸下泄水量时，开闸力矩与关闸力矩相等，闸门才处于平衡位置。但是当闸门开度变化时，由于运动惯性的作用，闸门会在新的平衡位置附近上下摆动，如不加以阻止，此摆动会长期持续或使摆幅逐渐加大，使闸门不能稳定运行。因

此，还需要在闸门上附加油压缓冲器，以保证闸门运行稳定。

（2）下游常水位水力自动闸门，主要由弧形闸门和设置在平转轴之后的浮箱、浮箱套和配重箱等组成。同上游常水位水力自动闸门一样，当闸门在任一开度上处于稳定平衡状态时，作用在闸门上的开闸力矩等于关闸力矩。闸门运行时，如闸后用水量增加，则闸下游水位将稍有降低，作用于浮箱上的浮力减小，闸门开度加大；当闸下流量等于闸后用水量时，闸后水位恢复到原设计水位，闸门又处于新的平衡状态，反之亦然。

206. 闸门的遥测遥控是怎么回事？

灌溉系统都修有许多用来调节控制渠道水位和分水的闸门，系统运行时都要根据灌溉计划的要求，随时对各个闸门的开、关和开启程度进行调节，以实现对水的按计划调度。为了实现调度的自动化，世界上许多国家在 20 世纪 60 年代以后，大都采用以电子计算机为中枢的远方监视、控制和数据采集系统，用有线或无线传输的方式，将各个闸门所控制的渠道水位、流量或闸门开启度传送到指挥中枢，指挥中枢根据电子计算机内已经存储的水量调度程序，向闸门发出信号，指挥闸门上安装的电启动装置的运作。这就是闸门的遥测遥控。

207. 什么是灌区计算机管理技术？

灌区计算机管理技术是指利用电子计算机管理软件，在灌区多年气象变化规律、农业种植结构、灌溉用水实践和水源来水规律的基础上，拟定年度灌溉制度预报和水源来水预报，据以编制灌区年度用水计划和灌溉季节各轮灌期的渠系引配水计划。利用计算机管理软件对灌区用水实行管理，不仅可以及时做出长期用水计划，而且便于依据实际来水和降水情况的随机变化，及时对用水计划做出修正，据以指导灌区用水的正确运作。上述内容实际上是灌区用水实现自动化管理的第一步，在我国现阶段是一种更为行之有效和便于实现的提高灌区管理水平的重要方法，也将为进一步向遥测遥控方向发展打好基础。

208. 渡槽怎样补漏?

渡槽漏水的原因较多,有气温变化引起的胀缩裂缝,有地基不均匀沉陷或施工质量差产生的裂缝等,是渡槽的一种常见"病"。对于气温变化引起的胀缩裂缝或因地基下沉又尚未稳定下来的渗水裂缝,一般只能用塑性材料处理,以适应裂缝继续变化的要求。常用的塑性材料有沥青、橡胶等。具体的做法是将裂缝凿开,用橡胶或沥青麻布填实。对于已经稳定下来,且不再受气温变化影响的渗水裂缝,可用水泥砂浆封闭,喷浆抹面防渗;也可用水玻璃与水泥拌和物堵塞渗水裂缝。对于因施工质量差而引起的漏水现象,一般用水泥砂浆抹面或喷浆、涂抹沥青和用沥青麻布或石棉水泥填塞等办法。若因施工质量太差造成裂缝严重漏水,则应进行大修或改建。

209. 怎样养护田间小型建筑物?

田间小型建筑物一般是指农渠上的闸门、倒虹吸、涵洞、农桥、量水设施等。其管理养护应注意以下几点:

(1)做好检查工作。每次放水前后,要认真检查建筑物,发现损坏,及时修理。检查时要特别注意容易发生问题的部分。对闸门应注意有无损坏淤塞,启闭是否灵活;对倒虹吸应注意管身上的覆土厚度是否减少,进出口是否有杂物或泥土堵塞;对涵洞应注意洞身有无裂缝;对农桥应注意桥板有无损坏,桥墩有无裂缝破坏;对量水设施应注意上游有无淤积,下游有无冲刷,水尺刻度是否清晰。

(2)及时修理灰缝。田间小型建筑物多为砖石结构,最易发生灰缝脱落,不及时维修,可能造成整体破坏。处理时,应将灰缝冲净,重新勾缝。

(3)防冻。冰冻对田间小型建筑物影响很大,必须采取防范措施。冬灌停水后,应排除建筑物内的积水,及时扫除大量的积雪。

(4)修理裂缝。建筑物水泥砂浆抹面产生的裂缝,有因受较大的水平推力而产生的水平裂缝或因基础不均匀沉陷而产生的垂直裂缝,

均必须进行修复或加固处理。

（5）严禁农桥超载运行，发现桥面板断裂，应及时更换。

（6）闸门应定期涂抹防腐防锈油料，及时更换损坏部件及腐朽木板。

210. 怎样养护混凝土衬砌的渠道？

（1）及时处理渠道衬砌板裂缝，防止恶性发展。裂缝宽度在1厘米左右时，将裂缝刷洗干净，用热沥青灌填；裂缝宽度大于1厘米时，可先将缝壁打毛、扩宽、洗净，用水泥砂浆灌填，压实捣平；护面有较大的错位时，先将其复位，再做灌缝处理；修补宽度较小的裂缝，除通常采用橡胶黏合外，还可用过氯乙烯胶液、煤焦油环氧胶液粘贴玻璃丝布修补。

（2）严防外来水流入砌体与土基接合部。应经常检查填补渠堤上的洞穴、水沟，以免形成水路进入渠堤。挖方渠段，应按设计修好截流沟、排水沟、防洪堤或地边埂，将外来水导入排水设施；填方渠段堤外有积水时，应及时排除；地下水位高于渠底的渠段，应开挖排水系统，同时在渠槽壁设排水孔，减少外水压力，保持衬砌板的稳定性。

（3）严格控制冬季行水时间。在严寒地区冬季行水会严重破坏无抗冻措施的衬砌渠道。停水时间越迟，冻害越严重，故应规定低温停水界限，严格执行。

（4）禁止在渠堤种植树木，以防树根伸入衬砌板后，使衬砌板鼓起破坏。但应提倡在渠堤护坡上种植草皮，以保护渠道。

211. 怎样维修地埋管道？

每次灌水前后应沿管线检查地埋管道有无漏水现象和覆土有无塌陷，一经发现，应立即处理。

（1）硬质塑料管接口处漏水，可利用“4105”或“4755”专用黏接剂堵漏；如是管道纵向裂缝漏水，需更新管道。

（2）双壁波纹管接口处发生漏水现象，应调整或更换止水橡胶环或用专用黏接剂堵漏。

(3)水泥制品管接口处漏水,可用砂浆或混凝土加固,也可用柔性材料连接修补。现浇混凝土管因管材质量或地面不均匀沉降而产生的局部裂缝漏水现象,可用砂浆、混凝土或高标号水泥膏堵漏。

212. 什么是地下水人工补给?

井灌区由于超采地下水而形成的地下水位降落漏斗,不仅使地下水资源减少,甚至会造成地面沉降,地下水质变坏或海水入侵等严重的生态环境问题。为了解决这个问题采取的工程措施,引用外来地表水填补地下水漏斗,叫作地下水人工补给。地下水人工补给的方法,要因地制宜选择采用。

(1)地面灌溉法。引用地表水灌溉草地、林地、荒地和农田,形成大面积的入渗水流补给地下水。

(2)坑、塘、沟、渠蓄渗法。利用和改造天然坑、塘、沟、渠,蓄存洪水、涝水、河水等入渗补给地下水。

(3)地下注水法。在含水层埋藏较深,且上部有较厚黏土层覆盖,不宜采用上述两种方法时,可采用地下注水法。这种方法多采用机井、砖井、坑套竖井等直接把水注入含水层。注水井容易堵塞而使入渗量下降,且不易恢复。因此要求注入的水纯度较高,而且注入和回扬相结合,这种方法成本较高,运行管理较复杂。

213. 盐碱地区怎样进行灌溉水源和水质的管理?

我国北方盐碱地区绝大多数水资源不足,如何充分合理地利用好本地水资源是发展农业生产的一个十分重要的问题;另外还有一个改良、利用盐碱地和防止次生盐碱化问题。盐碱地区水资源管理的一项基础工作就是做好区域的水资源开发规划和管理设计。对各种水源不仅要查清其数量和保证率,而且还要了解其各自的特性。例如:华北一带每年自然降水可达500~1 000毫米,但60%~70%集中在夏季,且多暴雨,导致春秋旱、夏季涝,存在一个合理利用和调蓄问题。地表水也

不是需要时就有水供应,多数情况是雨季和冬季不需水时来水多,春秋需要灌水时常供水不足。地下水开采,也都是储量少和各地分配不均。另外还有地下咸水、灌渠尾水和排沟水的利用问题。因此,根据区域水资源储量和特点,量入为出地安排好作物布局和农、林、牧、副、渔业生产,是合理开发利用盐碱地区水资源的一个十分复杂而又十分重要的问题。在盐碱地区,一方面,可以通过种植高粱、棉花、绿肥、牧草等需水少的作物,减少对水资源的需求;另一方面,改良和冲洗土壤中过多的盐分又会增加对水的需求量。为了避开作物的高需水季节,盐碱地的大定额灌溉和人工冲洗可以安排在秋冬季节利用河流弃水来进行;在华北平原上还可结合伏水做人工辅助冲洗。

盐碱地区水资源管理的另一重要内容就是对灌溉水的水质(指水含易溶盐状况,不涉及污染及其他方面)进行管理。灌溉水的水质标准,各地情况不一。中国农业大学河北曲周实验站根据该地区水质特点做了系统研究,提出以矿化度作为评价水质的综合指标和分级标准,见表 11-1。灌溉用水的一般要求是矿化度<2 克/升(最好是<1 克/升)的正常水或无碱性水。

表 11-1　以矿化度为综合指标的水质指标

类型	等级	矿化度	
		克/升	毫克当量/升
正常水	Ⅰ淡水(甜水)	<2	<35
咸水	Ⅱ微咸水	2~3	35~45
	Ⅲ中度咸水	3~4	45~55
	Ⅳ咸水(苦水)	4~8	65~130
	Ⅴ重度咸水	>8	>130

十二、怎样选用节水丰产技术

214. 节水与丰产有矛盾吗?

节水灌溉是按包括丰产在内的作物产量要求,减少用水中的各种水量损失,适时、适量向田间供水的灌溉方式。节约用水不是要求达到某一产量水平该用的水也不用,而是力求减少用水中的不合理和浪费部分。节约下来的水,可以支援城市和工业建设,也可以用来提高灌溉标准,争取更高的产量;还可以用来扩大灌溉面积,使更大范围取得丰产。因此,节水只会促进丰产,而不会妨碍丰产。

由于水资源紧缺,不得已而采取的限制性灌溉,例如本来需要浇三水,但因缺水只能浇两水或一水,虽然不能丰产,但仍能取得较好的收成,这种非充分的限制性灌溉如果做到了减少用水中的各种水损失,显然也属于节约用水的范畴。反之,丰产灌溉如果也做到了减少用水中的各种水损失,当然也是节水灌溉。因此,节水灌溉要求把用水中一切不必要的水损耗减少到最低限度,又要求按作物不同产量的不同需水要求实行供水。本来节水灌溉与丰产之间并无矛盾,之所以会在节水与丰产之间认为有矛盾,是由于仅仅把适当降低单产而提高总产的非充分灌溉限定为节水灌溉,而把丰产灌溉排除在节水灌溉之外。说明这个问题,对于正确指导节水灌溉的发展是有益的。

215. 为什么把节水灌溉分为传输节水和生育节水?

从水源取水,经过渠道或管道把水输送到作物根部土壤中,再由根

系吸入植株体内,供作物生长发育的需要。前一段是灌溉水的传输过程,后一段是水在植物体内发挥作用的过程。

水在传输过程中有许多损耗,如渗漏、蒸发、流失等,这些损耗很大,通常达到从水源取水总量的50%左右,有的甚至可达80%,也就是说,灌溉水量能被作物吸收利用的部分往往不到一半,即常说的灌溉水利用系数小于0.5。采用各种措施,减少水在输送过程中的损耗,称为传输节水。当然也可以把减少水在田间渗漏流失和棵间蒸发所采取的措施,从传输节水中划分出来,称为田间节水,以示区别。

水在植物体内的消耗也不是不可改变的,例如:在不影响光合作用的条件下,适当控制叶面蒸腾,提高光合效率,相对减少形成单位干物质的水消耗及培育耐旱品种等。这部分可以称为生育节水,其节水潜力估计有可能达到30%左右,即能占到灌溉总水量的10%~15%。虽然比传输节水潜力要小得多,但对于干旱缺水地区争取农业丰产,也是不能忽视的一个重要方面。

216. 节水丰产技术为什么是一项综合技术?

从水源取水并输送到作物根部土壤的灌溉过程,可以划分为取水、输水和灌水等三个环节,任何一个环节如处理不当,都有可能造成水的浪费。必须根据需要和条件的变化,及时调节、控制取水量,避免因取水过多造成向排水沟或河道泄水。当然从取水到灌水中间的输水过程需要一定的时间,而全灌区上、中、下游输水时间又长短不一,尤其是大、中型灌区要完全避免泄水非常困难。这就有一个合理调度或优化调度的问题,既要求能及时满足全灌区各种作物丰产的需水要求,又要求能尽量减少调度过程中水的浪费。输水过程中水的渗漏损失所占比例很大,能达到一半或更多,缺水地区应广泛进行渠道衬砌或用低压管道输水以减少输水损失;灌水过程主要是控制灌水量,避免产生水的深层渗漏,但采用畦灌或沟灌要达到这个目标并不容易,它关系到土地平整程度、畦田大小、沟畦长度、入畦流量以及经营体制、水费政策等因素;当然灌溉过程中泄水或深层渗漏所产生的回归水,也可以采取提水或井灌等方式加以利用,以提高水的利用率。

综上所述,灌溉水从水传送到作物根部,有许多节水环节,是一项由许多措施组成的综合技术。再把水进入田面和植物体以后,为提高水的利用效率,而采取的栽培、耕作、品种选用以及施用抑制土面和叶面腾发的溶剂等措施,与前述传输节水措施相结合,就形成一套更完整的节水丰产综合技术。

217. 什么是灌区节水型技术改造?

我国现有 8 亿多亩灌溉面积中的大多数是 20 世纪五六十年代建造的,已经运行了三四十年,加上受当时经济和技术条件的限制,相当一部分工程设施比较简陋,目前大多数到了需要加以更新改造的时候。因而旧灌区的技术改造将是我国目前农业技术改造的一个突出问题。

既然是技术改造,必然就涉及用什么技术,改造成什么模样的问题。是依然沿用 20 世纪五六十年代的办法把灌区工程加以简单更新,恢复灌区原有面貌?还是根据数十年运行中存在的问题,尽量采用现代技术,把旧灌区改造成为符合时代要求的新型灌区?后者虽投入较多,但从长远发展要求出发,无疑是一条正确途径。

节水型农业是 20 世纪 80 年代确定的我国农业的发展方向,其核心应当是尽量减少农业用水中的不合理和浪费的部分。灌溉用水占农业用水的 90%以上,节约灌溉用水自然就成为建设节水型农业的主要任务,北方缺水地区如此,南方多雨地区由于季节性干旱时有发生,节约灌溉用水同样有必要。因此,灌区节水型技术改造,应该在分析水资源供求关系及发展趋势的基础上,围绕建设节水型农业的要求,把取水、输水和灌水的工程设施逐步进行全面改造,建成有显著节水经济效益和社会效益的新型灌区。

218. 采用低压管道输水能节水吗?

井灌区采用低压管道输水,可以大幅度减少输水渗漏损失,据测算一般较土渠减少的渗漏量可相当于总提水量的 30%左右,从传输节水

角度衡量,其节水效益相当显著。

但是目前采用管道输水节约的水量,往往都又全部用于同一地点增加灌水次数。一方面是由于过去因供水不足,采用了非充分灌溉;另一方面也与每次灌水量太大有关。虽然增加灌水次数后一般都可获得20%左右的增产,很受农民欢迎,然而从总用水量或从地下水提取量来衡量,由取水到送往作物根部土壤的全过程用水量并未减少,地下水仍然在继续超采,所以从水资源取用量角度看,并不能说已经实现了节约。

另举一例来说,渠道衬砌无疑是一项重要的节水措施,但如果在取水上不根据需要进行调节控制,加上渠系水管理调配失当,就可能造成相当数量的泄水或弃水;若田间灌水技术粗放,灌水量太多,形成大量深层渗漏,虽然渠道衬砌了,也决不能得出已经实现了节约用水的结论。

因此,节水灌溉是一套综合措施作用的结果,采用低压管道输水后是否实现了节水还要做定量分析。

219. 为什么丘陵山区比较适合采用管道输水灌溉?

丘陵山区地形高低不平,不仅平整土地非常困难,而且输水渠道必须顺等高线弯曲布置,渠线长,过沟、跌水、防洪等建筑物众多,单位面积平均工程量比平原要大得多,渠系工程投资一般高出平原几倍,如加上平整土地,投资要高出10倍以上,而且渠道和建筑物极易遭受冲毁,维修工作负担很重。

随着技术经济力量的提高,管道输水灌溉率先在井灌区推行,并有向其他类型灌区发展之势,因而也逐步使人们认识到,在丘陵山区发展灌溉,很适合于采用管道输水,其好处有以下几点:

(1)必要时输水可走直线,缩短线路长度;

(2)可取消过沟、跌水、防洪等建筑物;

(3)可埋入地下,少占耕地且不易被破坏;

(4)便于管理,维修工作量少;

(5)可以根据需要在同一灌区因地制宜地采用沟畦灌、格田灌、喷灌或滴灌;

(6)减少水在输送过程的蒸发、渗漏损失;

(7)有利于利用丘陵山区高位置水源的水头压力;

(8)有利于保护水质,灌溉与村镇供水可共用一套系统;

(9)有利于水的调节控制,输水过程不会产生泄水或弃水;

(10)有利于计量收费,节约用水。

220. 低压输水管道与防渗渠道哪个好?

低压输水管道与防渗渠道孰好孰差,只能在一定范围内进行比较,不可一概而论(见表 12-1)。从小型管道和小型渠道的比较来看,两者虽各有优缺点,但以采用管道输水优点较多,在经济条件许可时应尽可能采用管道。从目前来说,由于技术经济的制约,内径大于 30 厘米的低压管道尚很少用于灌溉,因此流量较大的灌溉输水工程,如无必要提供压力水头,仍应首先采用防渗渠道。

表 12-1 内径 30 厘米以下无筋混凝土管与小型混凝土防渗渠道一些主要特点比较

项目	内径 30 厘米以下无筋混凝土管	小型混凝土防渗渠道
造价	稍高	较低
需要水头	较高	较低
施工	较复杂	较简单
占地	较少	较多
蒸发、渗漏损失	极少	仍占一定比例
地形限制	较小	较大
管理运用	比较方便	比较不方便

221. 为什么说各种灌溉方法都有利有弊?

世界各国常用的灌溉方法目前主要是沟畦格田灌、喷灌和滴灌。在全世界36亿亩灌溉面积中,80%以上采用沟畦格田灌,10%以上采用喷灌,滴灌不到1%。联合国粮食及农业组织把灌溉方法中可以进行微量灌溉的,主要是滴灌和微喷灌,划分出来称为“微灌”,但就灌溉方式来说,上述三种仍然是最基本的。

旱作物畦灌和水稻格田灌,方法简单,容易掌握,已经沿用了有几千年的历史,尤其在平原地区,从工程建设角度出发,是一种最经济的灌溉方法。但由于灌水量难以严格控制,用水偏多,浪费比较严重,虽然近年来已经做了许多改进,但用水量偏大仍然是一个突出问题。

喷灌是一种可以严格控制灌溉水量的节水灌溉方法,是第二次世界大战以后几十年间一些发达国家灌溉发展的重点,尤其是时针式自走喷灌机问世以来,进一步解决了大面积集约经营中的灌溉机械化和自动化问题,促进了喷灌面积的发展。但喷灌建设投入较高,能耗多,管理技术也比较复杂,如果用于灌溉大田,在我国目前条件下,生产还是不合算的。所以,现阶段喷灌仍应重点放在经济作物区和较大规模的集约经营地区,以及水资源特别紧缺的地区。

滴灌不仅可以严格控制水量,而且可以针对作物根部实行局部灌溉,是一种最节水的灌溉方法。尤其在水资源奇缺的一些地区,可以用细小水源解决用其他灌溉方法不能解决的灌溉问题。但由于必须布置密集的地下和地面塑料输配水管道,投入较大,特别是地面塑料管寿命较短,且滴头堵塞问题仍不易解决,不能像其他灌溉工程那样长期稳定运行。这是目前滴灌在世界各国尚未得到大面积发展的一个根本原因。

所以说,各种灌溉方法都有利有弊,必须因地制宜,经过技术、经济比较选择采用。

222. 为什么对喷灌的节水作用会有争议?

有人认为,由于喷洒在空中的细小水滴极易随风飘移,在与干燥空气接触时还会产生显著的蒸发损失,因而对喷灌是否有节水作用提出疑问,特别是对我国西北干旱地区发展喷灌提出疑问。

据实测,喷洒水滴的飘移和蒸发损失在7%~28%,大多数情况下在10%左右。为了减少这种损失,已经采用在行进中向下喷洒的喷头,降低水滴的运行高度,缩短运行轨迹。加上喷灌的输配水系统全部采用管道,输水损失很少,因此喷灌水利用系数多数情况下均在0.9左右,这样的节水作用是地面灌溉方法所无法比拟的。

同时水的飘移和蒸发损失也并非完全无益的,它可以增加空气湿度和改善田间小气候,给作物特别是一些经济作物的正常生长发育带来有益影响,这种影响对于提高产品品质和产量是具有决定意义的。

因此,世界上某些特别干旱而又缺水的国家和地区,如以色列、埃及西奈半岛等,都非常重视喷灌的发展,我国北方地区(如北京郊区)大面积发展喷灌后,也取得了无可争议的节水效益。

223. 微灌能代替喷灌吗?

微灌是一种最节水的灌溉方法,它可以利用较小的水源,采用不大的水头压力,在任何复杂的地形上,对作物进行灌溉。这是不是说为了节约用水和节约能耗,微灌就可以代替喷灌,不加选择地大面积发展呢? 当然不能。

由于微灌必须布置密集的地下和地面塑料管道,对水的过滤要求极严,因而造价高于喷灌,且目前的装备水平还不能适应大面积集约经营的灌溉要求,加上地面设备容易老化损坏,还达不到像喷灌工程那样能够长期稳定运行。所以,世界上一些发达国家均仍以发展喷灌为主,有选择地适当发展微灌。这也是微灌尚未能得以大面积发展的原因。

224. 喷灌能代替地面灌溉吗？

喷灌是许多发达国家近三十年来灌溉发展的重点，尤其在一些水资源紧缺的国家和地区更是如此。但这是不是说喷灌可以代替传统的旱作地面灌溉而“包打天下”呢？这就要做具体分析。

在一些发达的、土地面积较小的国家，如西欧各国，由于农业的集约经营程度较高，必须全面实行灌溉机械化和自动化，这些国家的灌溉面积已经全部或大部采用喷灌；但在美国和苏联，由于土地面积很大，而投入能力毕竟仍有一定限度，因而地面灌溉依然占有较大比例，到20世纪80年代末期喷灌面积只占总灌溉面积的40%左右；在发展中国家，地面灌溉仍占绝大多数，如中国和印度的喷灌面积都只占灌溉面积的1%左右。因此，要让喷灌完全代替旱作地面灌溉，虽然就目前的技术装备水平来说可以做到，但受到投入能力（包括资金、材料、能源等因素）的制约，尤其在发展中国家仍然需要一个较长的历史阶段。

225. 井灌加喷灌会成为井灌区的发展方向吗？

地下水超采问题，从20世纪70年代开始已经成为我国北方井灌区，特别是华北平原井灌区的一个突出问题。为了解决因地下水位急剧下降而带来的许多矛盾，曾经采取过“引水补源”的办法，即引地表水补充地下水。但因北方地区地表水的供求矛盾也同样相当尖锐，20世纪80年代初开始采用低压输水管道代替渠道，降低输水损失，以及减少地下水提取量。然而又因地面灌水技术改进不大，灌水量依然偏多，虽然从减少输水损失中增加了可灌水量的1/3左右，但这些水量大部分并没有体现在减少对地下水的超采，而是增多了进入农田的实际灌溉水量。因此，虽然低压输水管道的节水增产作用是显著的，但并未能从根本上解决井灌区地下水超采问题。因此，需要进一步在低压输水管理的基础上，配套水肥一体化滴灌、微喷灌技术，结合墒情、土壤类型和作物生长信息制订合理的灌溉量，是今后井灌区的发展方向。

226. 节水丰产技术能离开排水吗？

灌溉与排水都是调节土壤水分、满足作物正常生长发育对土壤环境要求的两个控制手段，土壤水分不足就是要灌溉，土壤水分过多就必须排水。在有雨涝地区的节水丰产技术中，应该包括必须采取的排水技术。

问题是从节约用水的观点出发，在缺水地区排掉过多的地面径流和土壤水分，是否经济合理。这要看我们现时的技术经济力量能对这些水控制到什么程度。如果有能力把它全部集中起来，或储蓄于地下或储蓄于坑塘水库，以备干旱时期应用，无疑是应当尽力争取的；但如果涝水超过了可能的控制能力，也应当毫不犹豫地排除，以确保农业丰收。当然这两种情况对于农田来说，都必须采取排水措施，以满足作物对土壤环境的要求。

227. 为什么要重视水的重复利用？

提高水的重复利用系数是工业节水的一项最重要的措施；在农业节水上也应该讲究水的重复利用。

灌溉水的重复利用实际上早已存在：我国北方渠灌区从 20 世纪 60 年代开始采取的“井渠双灌”，就是把灌溉渗漏水又重新提上来加以利用的重要方式，据测算，井渠双灌可提高灌溉水利用系数 10%～20%；另外在同一条河道上，上游灌区的排泄水，下游灌区又加以引提利用，也是常见的一种重复利用现象。一些水资源比较紧缺的国家，也很重视灌溉水的重复利用，有的专门建有水重复收集利用工程，并把水的重复利用作为灌溉水的有效利用部分计入水利用系数。

灌溉水的重复利用，无疑应当是节约用水的一个重要方面。由于传统的地面灌溉方法仍然被广泛采用，在输水和灌溉过程中水的渗漏和管理损失很难完全避免，通常只有不到一半的水量真正被作物利用，所以灌溉水的重复利用潜力是不可忽视的。抓好这项工作，不仅可能

对当前我国灌溉水利用情况的认识会发生大的改变，而且必将取得可观的节水效益。

228. 什么叫灌溉回归水？

水在输送和灌溉过程中，从灌溉系统中渗漏和排泄的部分水量会重新回归河流或渗入地下成为地下水。这些从地面、地下取用于灌溉的水资源，部分重新回归到河流或地下水，又可以重复开发利用的水资源称为灌溉回归水。

在水资源评价中，有的把灌溉回归水也作为水资源的组成部分，这有利于水的重复开发利用，因资源量有重复计算部分，会得到偏大的结果。而且随着技术的进步，灌溉回归水量也会发生很大的变化，进而又会影响到水资源量的准确性。所以应当把灌溉回归水量从水资源量中分离出来，像工业用水的重复利用一样，把灌溉水的重复利用问题，也作为节约用水的重要指标之一，可能是比较符合实际的。

229. 怎样利用灌溉回归水？

井渠双灌是常见的灌溉回归水利用方式之一。在地下水资源不能满足灌溉需要的地区，可引用部分地面水，使两水联合应用，互相补充。在井渠布局中，可以在地下水能相互有效影响的范围内，分区布设，分别实行井灌或渠灌；也可以混合布设，同一地块井渠并用。不论采用哪种布设方式，都应当在准确了解灌溉需水量、浅层地下水可开采量、地面水引用量及灌溉回归水量的基础上，进行井渠双灌的设计和管理，以达到节约用水和维持生态平衡的目的。

在灌区范围内修建蓄水设施，收集利用以排泄方式形成的灌溉回归水，是另一种常见方式。由于此类回归水的形成是稳定的，而且可能与回归水的利用并不同步，所以利用回归水灌溉的土地，也应有可以从渠系直接取水的工程设施，使收集蓄存灌溉回归水的坑塘水库成为第二水源。

当然，进入河流的灌溉回归水，又重新被下游灌区引提利用，更是常见的一种利用方式。

230. 利用灌溉回归水有多大潜力？

不论是旱作渠灌区、水稻灌区或井灌区，都可能产生灌溉回归水，但是否有开发利用价值，则要看水资源的紧张程度和回归水量的多少。因此北方旱作渠灌区和北方水稻灌区应当是灌溉回归水开发利用的主要地区；南方水稻灌区，由于水资源相对比较丰富，虽然也有季节缺水问题，但多数地方并非必须要专门修建灌溉回归水利用系统；井灌区回归水一般数量不大，也不必考虑回归水的利用问题。

北方渠灌区大约有 2.7 亿亩，年总用水量在 1 350 亿米^3 左右，水的利用系数目前多数小于 0.4，估计损失水量中成为回归水可以开发利用的，可能达到 10%～20%，即相当于 80 亿～160 亿米^3，等于使实际灌溉用水增加 6%～12%，潜力还是相当可观的，这对于北方缺水地区来说，是一件很值得抓一抓的事情。

231. 什么叫灌溉水利用系数？

从取水点引进或提取的灌溉水量，一部分会因渗漏、蒸发和管理等原因，损失在输送和灌水过程中，真正能被作物利用的通常只占一小部分。作物利用水量与总引水量的比值，叫作灌溉水利用系数，这是反映灌溉工程和管理技术水平的一项重要指标，提高这一指标，会取得明显的经济效益、社会效益和生态效益。

在计算灌溉水利用系数时，通常是用田间实际灌水量除以总引水量。这里有两点值得改进之处：第一，实际灌水量不等于作物利用水量，前者偏大，包含了一部分不必要的田间渗漏损失，这部分损失应该从田间实际灌水量中扣除，否则将难以确切反映田间灌水技术的改进与发展；第二，没有包含水的重复利用因素，把灌溉回归水的利用量不计入水的利用范畴是不恰当的。

232. 利用灌溉回归水就可以不搞渠道防渗吗？

灌溉回归水的利用，是节约用水提高灌溉水利用系数的一个重要方面，渠道防渗也同样是为了增加水的有效利用量，两者并不矛盾。

一个时期以来，有人认为既然可以在渠灌区打井开发利用灌溉回归水，就没有必要再投资搞渠道防渗了。怎样看待这个问题，可以从以下四方面做一些简单分析：

（1）渠道不防渗所产生的渗漏损失，只有一部分成为回归水，而且也像其他水源一样，不可能百分之百地加以开发利用。因此，渗下去再开发利用，并不能完全补偿渠道渗漏所带来的损失。

（2）一般情况下，灌溉回归水的利用大多需要经过提取，以能耗换取水量，而渠道防渗所换取的水量则不再需要耗能。从节能观点出发，上述论点也不合理。

（3）渠道防渗的效益并不仅仅是减少输水损失，它还可以减少渠道占地，加强渠槽稳定性，便于渠道维修管理，有利于输送泥沙，减轻渠道淤积，并可使水流经常保持设计状态，有利于进一步实现输配管理的自动化。

（4）灌溉回归水量小了，还可以减少这方面的开发利用投资。

因此，开发利用灌溉回归水，应当尽可能地在渠道防渗的基础上进行。

233. 农业集约经营对节约用水有什么好处？

各种节水灌溉措施，诸如渠道防渗、管道输水、水的合理调配，以及喷灌、微灌、间歇灌等，都必须在一定规模的集约经营条件下，才能实行。

节水灌溉技术涉及许多工程措施和管理措施，这些措施在小面积分散经营的条件下是很难实现的。在工程上，只有对水源工程、输配水工程、灌水工程等进行较大范围的全面规划，合理布局，才能做到费省效宏；在管理上，也必须按节水灌溉技术的要求，实行一定规模的统一种植和集约经营,这些灌溉技术才有可能得到实施。大家对发展喷灌离不开集约经营,可能已有深刻体会,其他节水技术也同样如此。例如:从管道给水栓取水轮灌,如果没有集约经营的制约,所有农户各行其是,同时打开全部给水栓,则必将统统无法实施灌溉。

当然,节约用水要有相应的投入,没有规模经营的集体力量,是难以实现的。如果从投入产出的效益来衡量,在分散经营条件下实行节约用水,要取得相同效益,投入就必须增加,就难达到农户可以接受的程度。

所以说,一定规模的集约经营,是实现节约用水的必要条件。

参考文献

[1] 张宪光,张建文,刘凯,等.水肥一体化实用技术[M]. 北京:中国农业科学技术出版社,2019.

[2] 尹飞虎.中国北方旱区主要粮食作物滴灌水肥一体化技术[M].北京:科学出版社,2017.

[3] 梁飞.水肥一体化实用问答及技术模式、案例分析[M].北京:中国农业出版社,2017.

[4] 郑重.滴灌自动控制与智能化管理技术[M].北京:科学出版社,2015.

[5] 石玉林,卢良恕.中国农业需水与节水高效农业建设[M].北京:中国水利水电出版社,2001.

[6] 徐坚,高春娟.水肥一体化实用技术[M].北京:中国农业出版社,2014.

[7] 吕英华.粮食作物水肥一体化技术与实践[M]. 北京:中国农业出版社,2019.

[8] 尹飞虎.滴灌[M].北京:中国科学技术出版社,2013.

[9] 许越先.农业用水有效性研究[M].北京:科学出版社,1992.

[10] 王立祥, 王龙昌.中国旱区农业[M]. 南京:江苏科学技术出版社,2009.

[11] 中华人民共和国住房和城乡建设部.微灌工程技术标准:GB/T 50485—2020[S].北京:中国计划出版社,2009.

[12] 中华人民共和国建设部.喷灌工程技术规范 GB/T 50085—2007:[S].北京:中国标准出版社,2007.

[13] 水利部水利水电规划设计总院.中国抗旱战略研究[M].北京:中国水利水电出版社,2008.

[14] 王殿武.北方农业节水理论与技术研究[M]. 北京:中国水利水电出版社,2008.

[15] 中国水利工程协会.水利工程建设合同管理[M].北京:中国水利电力出版社,2007.

[16] 康绍忠.农业水土工程概论[M].北京:中国农业出版社,2006.

[17] 崔毅.农业节水灌溉技术及应用实例[M]. 北京:化学工业出版社,2005.
[18] 张承林,邓兰生. 水肥一体化技术[M]. 北京:中国农业出版社,2012.